计算机系列教材

Visual C++ 面向对象程序设计实验教程

主　审　郑军红

主　编　彭玉华

副主编　周　斌　黄　薇　王海礁

武汉大学出版社

图书在版编目(CIP)数据

Visual C++面向对象程序设计实验教程/郑军红主审;彭玉华主编. —武汉:武汉大学出版社,2007.9
计算机系列教材
ISBN 978-7-307-05768-5

Ⅰ.V… Ⅱ.①郑… ②彭… Ⅲ.C语言—程序设计—高等学校—教材 Ⅳ.TP312

中国版本图书馆CIP数据核字(2007)第130457号

责任编辑:林 莉　　责任校对:程小宜　　版式:支 笛

出版发行:武汉大学出版社　(430072　武昌　珞珈山)
　　　　(电子邮件:wdp4@whu.edu.cn 网址:www.wdp.com.cn)
印刷:湖北新华印务有限公司
开本:787×1092　1/16　印张:19.375　字数:459千字
版次:2007年9月第1版　　2007年9月第1次印刷
ISBN 978-7-307-05768-5/TP·267　　定价:28.00元

版权所有,不得翻印;凡购买我社的书,如有缺页、倒页、脱页等质量问题,请与当地图书销售部门联系调换。

计算机系列教材

编 委 会

主　　任：王化文,武汉科技大学中南分校信息工程学院院长,教授
编　　委：(以姓氏笔画为序)
　　　　　万世明,武汉工交职业学院计算系主任,副教授
　　　　　王代萍,湖北大学知行学院计算机系主任,副教授
　　　　　龙　翔,湖北生物科技职业学院计算机系主任
　　　　　张传学,湖北开放职业学院理工系主任
　　　　　陈　晴,武汉职业技术学院计算机技术与软件工程学院院长,副教授
　　　　　何友鸣,中南财经政法大学武汉学院信息管理系教授
　　　　　杨宏亮,武汉工程职业技术学院计算中心
　　　　　李守明,中国地质大学(武汉)江城学院电信学院院长,教授
　　　　　李晓燕,黄冈科技职业学院电子信息工程系主任,教授
　　　　　李群芳,武汉工程大学职业技术学院计算机系主任,副教授
　　　　　明志新,湖北水利水电职业学院计算机系主任
　　　　　郝　梅,武汉商业服务学院信息工程系主任,副教授
　　　　　黄水松,武汉大学东湖分校计算机学院,教授
　　　　　章启俊,武汉商贸学院信息工程学院院长,教授
　　　　　谭琼香,武汉信息传播职业技术学院网络系
　　　　　戴远泉,湖北轻工职业技术学院信息工程系副主任,副教授
执行编委：黄金文,武汉大学出版社计算机图书事业部主任,副编审

内 容 简 介

本书作为《Visual C++面向对象程序设计教程》一书的配套教材，具有很强的通用性和实用性。书中详细介绍了 Visual C++集成开发环境，并设置了多个实验和多套练习题供读者参考使用。

本书可作为普通本科院校、普通高等专科学校的计算机辅助教材，也可以作为计算机培训和计算机工程技术人员参考用书。

序

近五年来,我国的教育事业快速发展,特别是民办高校、二级分校和高职高专发展之快、规模之大是前所未有的。在这种形势下,针对这类学校的专业培养目标和特点,探索新的教学方法,编写合适的教材成了当前刻不容缓的任务。

民办高校、二级分校和高职高专的目标是面向企业和社会培养多层次的应用型、实用型和技能型的人才,对于计算机专业来说,就要使培养的学生掌握实用技能,具有很强的动手能力以及从事开发和应用的能力。

为了满足这种需要,我们组织多所高校有丰富教学经验的教师联合编写了面向民办高校、二级分校和高职高专学生的计算机系列教材,分本科和专科两个层次。本系列教材的特点是:

1. 兼顾了系统性和先进性。教材既注重了知识的系统性,以便学生能够较系统地掌握一门课程,同时对于专业课,瞄准当前技术发展的动向,力求介绍当前最新的技术,以提高学生所学知识的可用性,在毕业后能够适应最新的开发环境。

2. 理论与实践结合。在阐明基本理论的基础上,注重了训练和实践,使学生学而能用。大部分教材编写了配套的上机和实训教程,阐述了实训方法、步骤,给出了大量的实例和习题,以保证实训和教学的效果,提高学生综合利用所学知识解决实际问题的能力和开发应用的能力。

3. 大部分教材制作了配套的多媒体课件,为教师教学提供了方便。

4. 教材结构合理,内容翔实,力求通俗易懂,重点突出,便于讲解和学习。

诚恳希望读者对本系列教材缺点和不足提出宝贵的意见。

编委会

2005 年 8 月 8 日

Visual C++（简称 VC++）是 Microsoft 公司推出的目前广泛使用的可视化程序开发环境，是程序设计人员最常用的开发工具之一。VC++功能强大，性能优越，应用普及，国内大多数高等院校的计算机专业和非计算机专业都开设了这门课程。为了方便教学，提高 Visual C++ 的教学效果，我们结合本课程的多年实际教学情况和开发应用体会，联合了多年讲授这门课程的教师共同编写了《Visual C++面向对象程序设计教程》一书，用于实际教学。为了强化教学实践环节，提高学生的动手能力和编程技巧，我们针对《Visual C++面向对象程序设计教程》的内容，编写了这本辅助教材，希望能给学生带来实际性帮助。

本书作为《Visual C++面向对象程序设计教程》一书的配套参考教材，主要包括三个方面的内容：

第一部分详细介绍了 Visual C++集成开发环境。

第二部分针对《Visual C++面向对象程序设计教程》章节学习内容，专门设置了 18 个实验，介绍面向对象编程方法和程序设计，用于实践教学。

第三部分结合《Visual C++面向对象程序设计教程》章节学习内容，设置了 9 套练习题，这些练习题内容丰富且具有很强的灵活性和应用性，读者可以根据自己的情况进行练习或自测。

《Visual C++面向对象程序设计实验教程》中的程序都是在 Visual C++6.0 环境下调试通过的。

本书的第一部分 Visual C++集成开发环境，第二部分实验指导中的实验 1、实验 9 至实验 11 由彭玉华编写，实验 2 至实验 8 由彭玉华和周斌共同编写，实验 12 至实验 17 由彭玉华和黄薇共同编写，实验 18 由王海礁编写，第三部分练习题中的练习题 1 和练习题 2 及附录 1 中的相应答案由周斌编写，练习题 3 至练习题 6、练习题 9 及附录 1 中的相应答案由彭玉华编写，练习题 7 和练习题 8 及附录 1 中的相应答案由黄薇编写，全书由郑军红主审，彭玉华修改定稿。

在本书的编写过程中，作者参考了参考文献中所列举的书籍和其他资料，在此向这些书籍的作者表示诚挚的感谢。

在本书的编写和出版过程中，得到了武汉大学王化文教授及武汉大学出版社的大力支持和帮助，在此表示衷心的感谢。

由于编者学识水平有限，书中难免有不足之处，竭诚希望得到广大读者的批评指正。

作 者
2007.7

目　录

第一部分　Visual C++集成开发环境

1.1 Visual C++6.0 概述 3
1.2 Visual C++6.0 安装 3
1.3 Visual C++6.0 界面环境介绍 3
1.4 MSDN 帮助系统 4
1.5 使用 MFC AppWizard 生成应用程序框架 4
  1.5.1 应用程序向导的框架类型 4
  1.5.2 创建一个控制台应用程序 5
  1.5.3 创建一个单文档应用程序 10
1.6 菜单 15
  1.6.1 File 菜单 15
  1.6.2 Edit 菜单 18
  1.6.3 View 菜单 19
  1.6.4 Insert 菜单 19
  1.6.5 Project 菜单 20
  1.6.6 Build 菜单 21
  1.6.7 Tools 菜单 21
  1.6.8 Window 菜单 22
  1.6.9 Help 菜单 22
1.7 工具栏 23
  1.7.1 Standard 标准工具栏 23
  1.7.2 Build MiniBar 工具栏 24
  1.7.3 WizardBar 24
1.8 项目工作区窗口 25
  1.8.1 Class View 窗口 25
  1.8.2 Resource View 窗口 25
  1.8.3 File View 窗口 25
1.9 输出窗口 27
1.10 编辑窗口 27
1.11 调试器 27
  1.11.1 修正语法错误 29
  1.11.2 设置断点 30

1.11.3 启动调试器（Debug） ... 32
1.11.4 调试器观察窗口 ... 33

第二部分　实验指导

实验 1　熟悉 Visual C++6.0 开发环境应用和创建控制台项目 ... 39
实验 2　C++程序基本语句和函数调用 ... 44
实验 3　类与对象 ... 47
实验 4　构造函数与析构函数 ... 52
实验 5　静态成员与友元 ... 58
实验 6　继承和派生 ... 65
实验 7　纯虚函数与抽象类 ... 72
实验 8　函数模板类模板 ... 76
实验 9　创建MFC的应用程序 ... 78
实验 10　文档和视图 ... 87
实验 11　菜单、工具栏和状态栏 ... 100
实验 12　按钮控件、静态控件、编辑框和旋转按钮控件 ... 117
实验 13　列表框和组合框控件 ... 131
实验 14　滑动条和滚动条控件 ... 135
实验 15　控件的数据交换 ... 139
实验 16　画笔和画刷 ... 143
实验 17　文本绘制 ... 151
实验 18　ODBC 数据库编程和 Active X 控件的应用 ... 160

第三部分　练习题

习题 1 ... 179
习题 2 ... 202
习题 3 ... 268
习题 4 ... 269
习题 5 ... 270
习题 6 ... 272
习题 7 ... 274
习题 8 ... 279
习题 9 ... 283
附录　练习题参考答案 ... 284

主要参考文献 ... 296

第一部分 Visual C++集成开发环境

1.1　Visual C++6.0 概述

Visual C++是 Microsoft 公司提供的在 Windows 环境下，进行应用程序开发的可视化与面向对象程序设计软件开发工具。它以标准的 C++为基础，并在此基础上增加了许多特性。Visual C++6.0 是 Microsoft 公司于 1998 年推出的最新版本，它在继承了以前版本的灵活、方便、性能优越等优点的同时，给 C++带来了更高水平的生产效率。

1.2　Visual C++6.0 安装

软件和硬件环境要求

安装 Visual C++6.0 要求 CPU 为 Pentium 166MHz、内存为 64MB 以上系列，至少需硬盘空间为 1GB，操作系统为 Windows 95/98/2000 或 Windows NT。由于计算机的配置越来越高，一般的机器都能支持 Visual C++6.0 的运行。

1.3　Visual C++6.0 界面环境介绍

当 Visual Studio 安装程序完成后，从 Windows "开始"菜单中，选择"程序"中的 Microsoft Visual Studio 6.0 菜单中的 Microsoft Visual C++ 6.0 菜单项，就可启动 Visual C++6.0 开发环境，显示 Visual C++ 6.0 开发环境窗口。如图 1.1 所示。

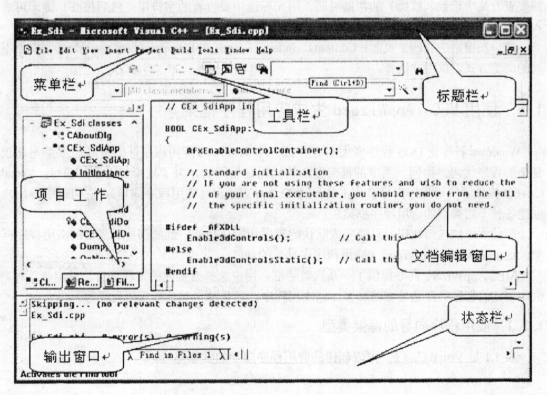

图 1.1　Visual C++ 6.0 开发环境窗口

（1）标题栏：显示当前项目的名称和当前编辑文档的名称。
（2）菜单栏：用户通过选取各个菜单项执行常用操作。
（3）工具栏：工具栏中的工具按钮可以完成常用操作命令，它实现的功能与菜单相同，比菜单操作快捷。
（4）项目工作区窗口（Workspace）：列出当前应用程序中所有类、资源和项目源文件。
（5）文档编辑窗口：用户可以编辑源程序代码，同时显示各种程序的源代码文件。
（6）输出窗口(Output)：它显示编译、链接和调试的相关信息。如果进入程序调试(Debug)状态，主窗口中还将出现一些调试窗口。
（7）状态栏：状态栏用于显示文本信息，包括对菜单、工具栏的解释提示以及 Caps Lock、Num Lock 和 Scroll Lock 键的状态等。

1.4 MSDN 帮助系统

Microsoft Visual Studio 提供了 MSDN Library (Microsoft Developer Network Library)组件。

MSDN 帮助系统是作为一个应用程序单独运行的，它是一个 HTML 格式的帮助文件，容量超过 1.2GB，包含各种函数及应用程序的源代码等内容。

它不仅可以浏览 HTML 的帮助文件，还可在帮助系统中进行搜索，能够搜索到有关 MFC、SDK 函数库、运行库、Windows API 函数等有关资料，包括成员函数的参数说明及具体示例。

按 F1 键或单击 Help 菜单下的 Contents 命令或 Search 工具栏按钮可进入 MSDN 帮助系统。帮助文件按文件分类搜索，通过"活动子集"下拉列表框，用户可以缩小搜索范围。当需要查看某个函数（或类）的帮助说明，用光标选中要查看的字符串，然后按 F1 键即可进入 MSDN 的索引页面。

窗口左窗格中有四个页面：Contents、Index、Search 和 Favorites(收藏)，每个页面提供不同的浏览方式，供用户选择。

1.5 使用 MFC AppWizard 生成应用程序框架

Windows 程序比 DOS 程序庞大，即使生成一个 Windows 应用程序框架窗口，也要编写比较复杂的程序代码。而同一类型的框架窗口的代码是相同的，为了减少代码重复编写，Visual C++6.0 提供了应用程序向导编程工具，MFC AppWizard（应用程序向导），它可以引导用户创建各种不同类型的应用程序框架。

即使不添加任何代码，只要完成默认的程序初始化功能，就能创建所需要的应用程序框架，这就是 MFC AppWizard（应用程序向导）的功能。

MFC AppWizard 向导提供了一系列对话框，用户选择要创建的工程项目，以定制工程。例如创建的程序类型是单文档、多文档应用程序，还是基于对话框应用程序等。

1.5.1 应用程序向导的框架类型

表 1.1 是 Visual C++ 6.0 可以创建的应用程序向导的框架类型。

表1.1　　MFC AppWizard 创建的应用程序向导的框架类型

名称	说明
ATL COM MFC AppWizard	创建 ATL 应用程序
ClusterResource Type Wizard	创建服务器的项目
Custom AppWizard	创建定制的应用程序向导
Database Project	创建数据库项目
DevStudio Add-in Wizard	创建 ActiveX 组件或自动化宏
Extended Stored Proc Wizard	创建在 SQL 服务器下外部存储程序
ISAPI Extension Wizard	创建网页游览程序
MakeFile	创建自己项目的开发环境的应用程序
MFC ActiveX ControlWizard	创建 ActiveX Control 应用程序
MFC AppWizard(dll)	创建 MFC 动态链接库
MFC AppWizard(exe)	创建 MFC 的应用程序，这是常用的向导
Utility Project	创建简单、实用的应用程序
Win32 Application	创建 Win32 应用程序，可不使用 MFC，采用 SDK 方法编程
Win32 Console Application	创建 DOS 下的 Win32 控制台应用程序，采用 C++/C 编程
Win32 Dynamic-Link Library	创建 Win32 动态链接库
Win32 Static Library	创建 Win32 静态链接库

1.5.2　创建一个控制台应用程序

所谓控制台应用程序是那些需要与传统 DOS 操作系统保持某种程序的兼容，同时又不需要为用户提供完善界面的程序。也就是，在 Windows 环境下运行的 DOS 程序。如编辑 C++ 源代码程序。

在 Visual C++ 6.0 中，用 MFC AppWizard 创建一个控制台应用程序的步骤如下：

1. 启动 Visual C++ 6.0

单击"开始"菜单中的"程序"选中"Microsoft Visual Studio 6.0"中的"Microsoft Visual C++ 6.0"菜单项。

2. 创建一个控制台应用程序

（1）选择"File"菜单中"New"命令，弹出"New"对话框，在此对话框中选择"Project"标签，显示应用程序项目的类型，在"Project"列表框中，选择 Win32 Console Application，在"Project Name"文本框中输入新建的工程项目名称 ConApp。在 Location（位置）文本框中直接键入文件夹名称 ConApp 和相应的保存文件路径，也可以单击右侧浏览按钮（…），可对默认路径进行修改。如图 1.2 所示，单击"OK"。

（2）在弹出的"Win32 Console Application-Step 1 of 1"对话框中选择 A "Hello,World!" application 选项。然后单击 Finish 按钮，如图 1.3 所示。

（3）在"New Project Information"对话框中单击"OK"按钮，系统自动创建此应用程序。

（4）单击 Build 菜单，选择 Build ConApp.exe 菜单项或按 F7 编译、连接生成.exe 文件，在输出窗口中显示的内容为：

ConApp.exe – 0 error(s), 0 warning(s)

表示没有错误。单击 Build 菜单，选择 Execute ConApp.exe 菜单项或按 Ctrl+F5 运行程序。运行结果如图 1.4 所示，结果是仿真 DOS 平台，显示内容为"Hello World!"。

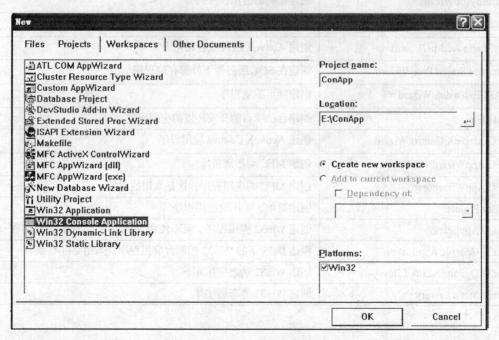

图 1.2　New 对话框

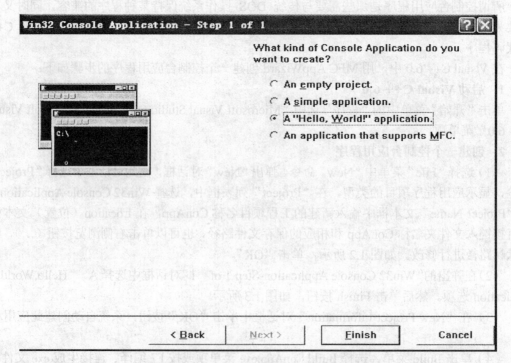

图 1.3　Win32 Console Application 类型选择

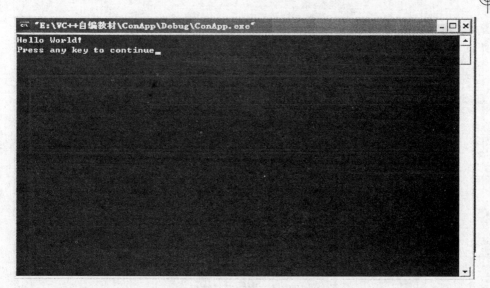

图 1.4 Hello World!

（5）如果要添加代码。单击项目工作区窗口中的 ClassView 页面，将"+"号展开，双击 main 函数，修改 main 函数体中的内容，将"Hello World!"改为"Visual C++ 6.0!"，结果如图 1.5 所示。

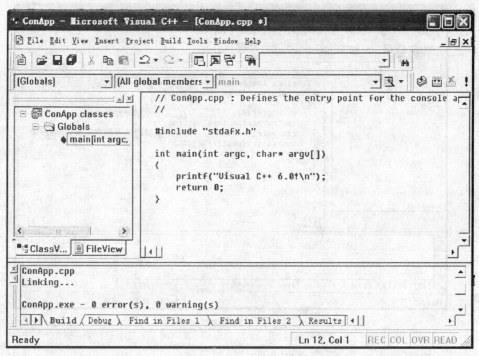

图 1.5 修改代码

（6）单击工具栏的按钮 或按 F7 编译、连接生成 .exe 文件，然后单击工具栏的按钮 或按 Ctrl+F5 运行程序，结果如图 1.6 所示。

图1.6 修改运行结果

3. 添加一个 C++源程序代码

(1) 关闭原来的项目，单击 File 菜单的 Close Workspace 选项。

(2) 单击工具栏的按钮新建一个文档窗口，在此窗口中输入如图1.7所示的代码。

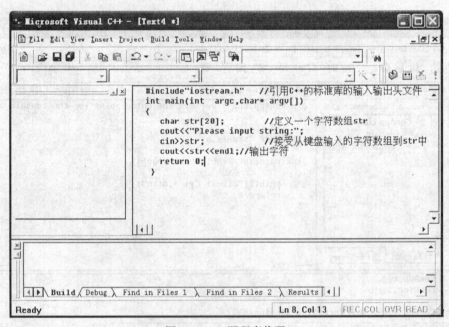

图1.7 C++源程序代码

(3) 选择 File 菜单中 Save 选项或按 Ctrl+S，弹出另存为对话框，在此对话框中选择保存文件的位置，输入文件名称 first.cpp，.cpp 为 C++源程序文件的扩展名不能省略。保存后，Visual C++ 6.0 文本编辑器具有语法颜色功能，窗口中代码颜色发生改变。

(4) 单击 Build 菜单中 Compile first.cpp 选项或按 按钮，出现如图1.8所示的对话框询问是否使用默认的项目空间,单击"是"按钮。系统进行编译、连接生成可执行文件,出现如图 1.9 所示的结果。程序没有错误,按 Ctrl+F5 运行程序,如图 1.10 所示,从键盘输入字符"Visual C++ 6.0",结果会显示出来。

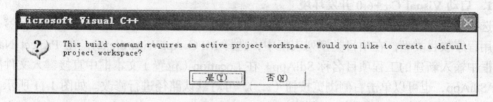

图 1.8　设置项目空间

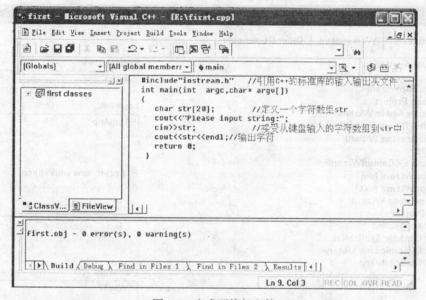

图 1.9　生成可执行文件

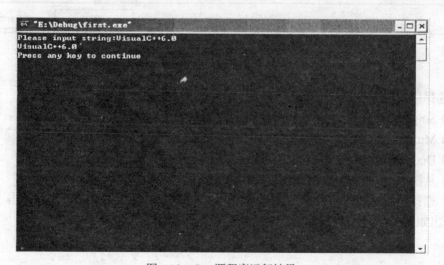

图 1.10　C++源程序运行结果

1.5.3 创建一个单文档应用程序

以创建一个单文档应用程序为例，说明 MFC AppWizard(MFC 应用程序向导)的使用方法及步骤。

1. 启动 Visual C++6.0 开发环境

选择"File"菜单中"New"命令，弹出"New"对话框，在此对话框中选择"Projects"标签，显示应用程序项目类型，在项目类型列表框中，选择 MFC AppWizard(exe)，在"Project Name"文本框中输入新建的工程项目名称 SdiApp。在 Location（位置）文本框中直接键入文件夹名称 E:\SdiApp，也可以单击右侧浏览按钮（…），可对默认路径进行修改。如图 1.11 所示，单击"OK"，出现如图 1.12 所示的对话框。

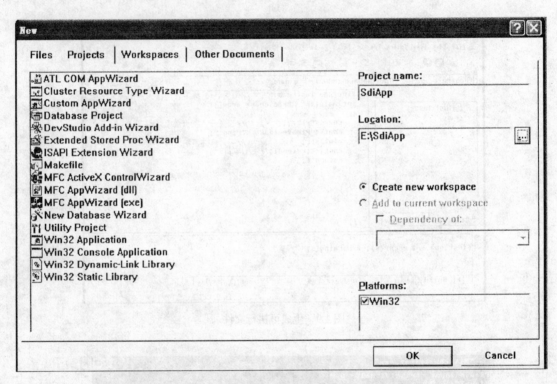

图 1.11 New 对话框

2. 选择应用程序类型

（1）Single Document 为单文档应用程序,简称 SDI。

（2）Multiple Document 为多文档应用程序,简称 MDI。

（3）Dialog Based 为对话框的应用程序。

（4）从图 1.12 中选择单文档应用程序。

（5）选择资源所使用的语言,这里选择"中文[中国]"，其他保持默认设置，单击"Next"按钮。弹出如图 1.13 所示的对话框。

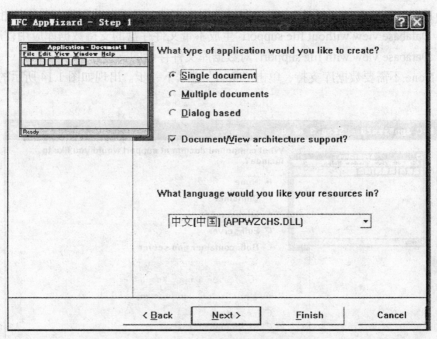

图 1.12 应用程序类型选择

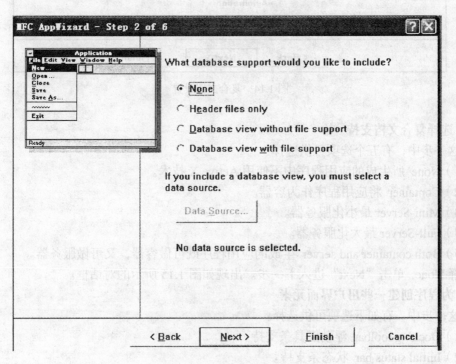

图 1.13 数据库支持设置

3. 选择是否加入数据库的支持

在本步中，有四个选项可供选择：

（1）None 在程序中不需要数据库支持。

（2）Header files only 在程序中需要提供数据库支持，但不自动创建与数据库相关的类。

（3）Database view without file support 生成不带文件存盘的支持数据库应用程序。

（4）Database view with file support 对数据库文件存盘的支持。

选择 None,不需要数据库支持，单击"Next"进入下一步。出现如图 1.14 所示的对话框。

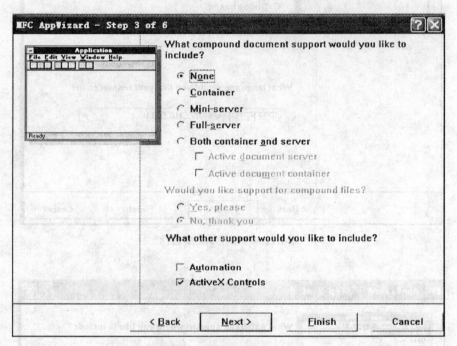

图 1.14 复合文档设置

4. 选择复合文档支持

在这一步中，有五个选项可供选择：

（1）None 所生成的应用程序中不使用 Active X 技术。

（2）Container 将应用程序作为容器。

（3）Mini-Server 最小化服务器。

（4）Full-Server 最大化服务器。

（5）Both container and server 生成的应用程序既可做容器，又可做服务器。

选择 None,单击"Next"进入下一步。出现如图 1.15 所示的对话框。

5. 为程序创建一些用户界面元素

在这一步中，有如下选项可供选择：

（1）Docking toolbar 浮动工具条支持。

（2）Initial status bar 状态条支持。

（3）Printing and print preview 打印及打印预览支持。

（4）Context-sensitive Help 上下文帮助支持。

（5）3D controls 支持控件的 3D 显示。

（6）MAPI（Messaging API） 支持应用程序收发电子邮件及传真。

（7）Windows Sockets 支持应用程序使用 FTP 或 HTTP 协议访问互联网。

第一部分　Visual C++集成开发环境

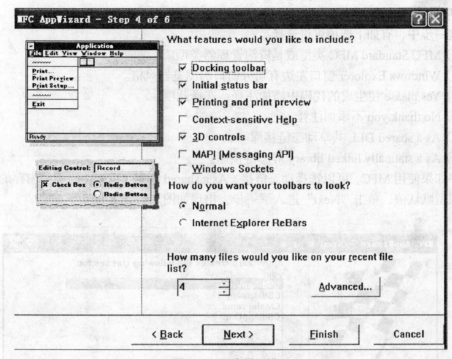

图1.15　程序界面设置

还可设置工具条外观是传统（Normal）还是 IE 风格(Internet Explorer Rebars)的。并可设置最近处理文件列表中所显示的文件数目。同时，使用该步骤中的"Advanced"按钮，自定义程序所处理的文档类型、文档标识值，定制应用程序的窗口风格，如窗口边框类型、窗口标题、运动方式、分割窗口之类的属性。保留默认设置，单击"Next"进入下一步。出现如图1.16所示的对话框。

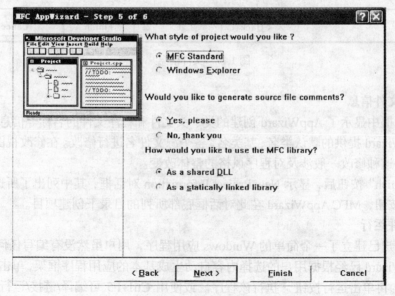

图1.16　项目选项设置

6. 项目选项设置

在这一步中，有如下选项可供选择：

（1）MFC Standard MFC 类型或是资源管理器类型。

（2）Windows Explorer 窗口左边有切分窗口的浏览器风格。

（3）Yes,please 使生成的代码中添加注释，选择此项。

（4）No,thank you 不添加注释。

（5）As a shared DLL 共享动态链接库。

（6）As a statically linked library 静态链接库。

程序如果使用MFC，可以选择动态链接（As a shared DLL）以减小磁盘和内存的空间占用率。保留默认值，单击"Next"进入下一步，出现如图1.17所示的对话框。

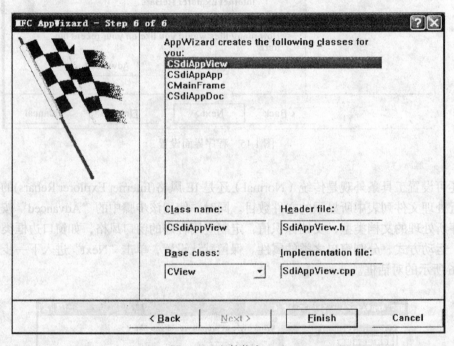

图1.17 文件信息

7. 设置文件信息

在此对话框中显示了 AppWizard 创建的类、头文件和程序文件的名称等信息。用户可以对 MFC AppWizard 提供的默认类名、基类名、各个源文件名进行修改。在修改视图的基类时，一定要小心，这种修改一般涉及对程序风格的整体改变。

单击"Finish"按钮后，显示 New Project Information 对话框，其中列出了所选项目特征，单击"OK"按钮，MFC AppWizard 在此对话框底部所列的目录下创建项目。

8. 编译并运行

至此，用户已建立了一个简单的 Windows 应用程序，用户虽然没有编写任何程序代码，但 MFC AppWizard 已经根据用户的选择内容自动生成基本的应用程序框架，单击按钮（或F7)编译程序，再单击运行按钮执行该程序。或使用 Ctrl+F5 可编译/链接/运行该项目。运行结果如图1.18所示。

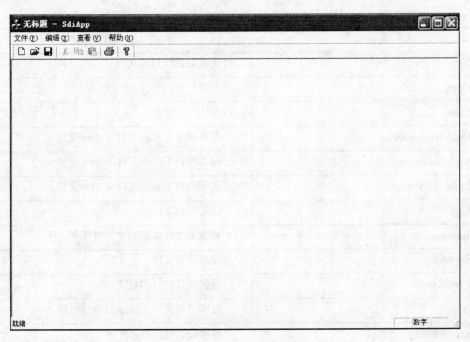

图 1.18　单文档程序界面

1.6　菜单

菜单栏是开发环境界面中的重要组成部分，菜单栏由若干个菜单项组成，每个菜单又由多个菜单项或子菜单组成。在进行程序设计时，在部分操作是通过菜单命令来完成的。本节只对主要的菜单栏进行简要介绍。

1.6.1　File 菜单

File 菜单主要包括对文件和项目进行操作的有关命令，如"新建"、"打开"、"保存"、"关闭"等。File 菜单中各项命令如图 1.19 所示，File 菜单中各项命令功能如表 1.2 所示。

File 菜单包括对文件进行操作的相关选项。

（1）New 对话框中 File 页面

如果要创建某种类型的文件，只要打开 File 菜单，选择 New 菜单项，在 New 对话框中选择 File 页面，选中某种类型文件（如要编辑 C++ 源程序文件选择 C++ Source File），输入文件名及保存位置，如图 1.20 所示，单击"OK"即可。Visual C++ 6.0 中可以创建的文件类型如表 1.3 所示。

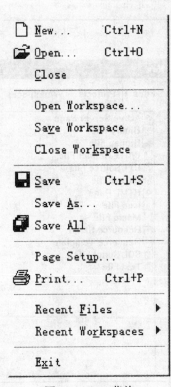

图 1.19　File 菜单

表 1.2　　　　　　　　　　　File 菜单的命令功能

菜单命令	功能描述
New…	创建新的项目或文件
Open…	打开已有的文件
Close	关闭当前文件
Open Workspace…	打开项目工作区文件（.dsw 文件）
Save Workspace…	保存项目工作区文件（.dsw 文件）
Close Workspace…	关闭项目工作区文件（.dsw 文件）
Save	保存当前文件
Save As…	将当前文件以新的文件名保存
Save All	保存所有文件
Page Setup…	设置文件的打印格式
Print…	打印当前文件或选定的部分内容
Recent Files	显示最近打开的文件名
Recent Workspaces	显示最近打开的项目工作区名
Exit	退出 Visual C++6.0 开发环境

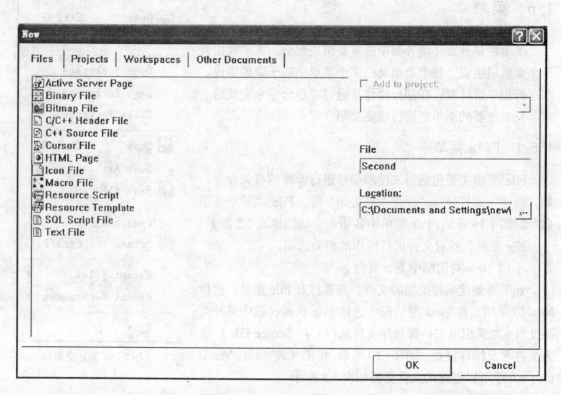

图 1.20　New 菜单中的 Files 选项

表 1.3　　　　　　　　　　Visual C++6.0 可以创建的文件类

文件类型	说明	文件类型	说明
Active Server Page	创建 ASP 活动服务器文件	Binary File	创建二进制文件
Bitmap File	创建位图文件	C/C++ Header File	创建 C/C++ 头文件
C++ Source File	创建 C++ 源文件	Cursor File	创建光标文件
HTML Page	创建 HTML 超文本链接文件	Icon File	创建图标文件
Macro File	创建宏文件	Resource Script	创建资源脚本文件
Resource Template	创建资源模板文件	SQL Script File	创建 SQL 脚本文件
Text File	创建文本文件		

（2）New 对话框中 Projects 页面

New 对话框中的 Projects 页面可以创建各种新的项目文件，其方法与创建新文件相同，在 New 对话框中选择 Projects 页面，如图 1.21 所示，选择一种项目文件类型，输入项目文件的名称、保存位置，其他都选择默认值，新项目会添加到当前工作区中。若要添加新项目到已打开的项目工作区中，选中 Add to current workspace 单选按钮，如果要使新项目成为已有项目的子项目，选中 Dependency of 复选框并指定项目名。Visual C++6.0 可以创建的项目类型见表 1.1。

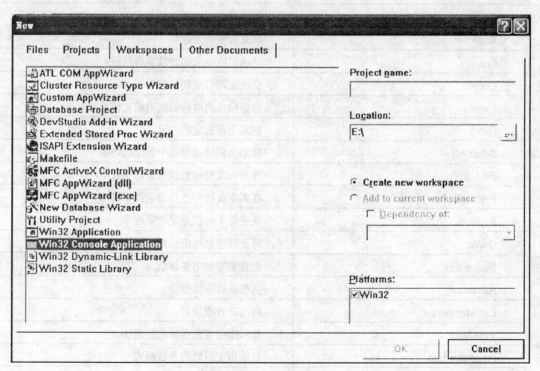

图 1.21　Projects 选项

（3）New 对话框中 Workspaces 页面

New 对话框中的 Workspaces 页面可以创建新工作区。

（4）New 对话框中 Other Documents 页面

Other Documents 可以创建新的文档，主要有如下类型：

Microsoft Excel 工作表和图表。

Microsoft PowerPoint 演示文稿。

Microsoft Word 文档。

如果要将新文档添加到已有项目中，选中 Add to project 复选框，然后选择项目名。

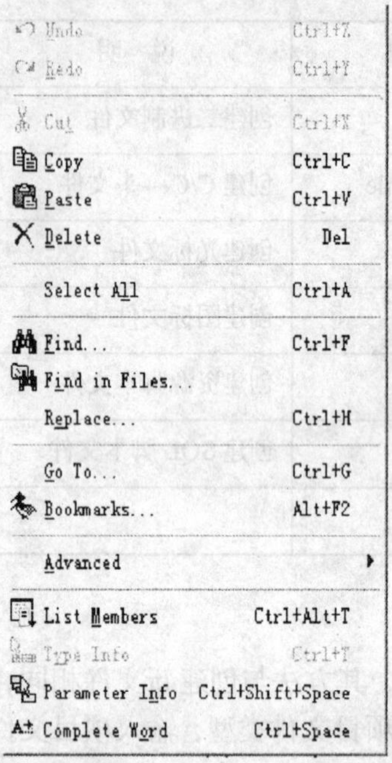

1.6.2 Edit 菜单

Edit 菜单主要用于与文件编辑操作有关的命令。如进行文件复制、粘贴、删除、查找/替换、设置断点与调试等。Edit 菜单中的各项命令如图 1.22 所示，其功能如表 1.4 所示。

图 1.22 Edit 菜单

表 1.4　　　　　　　　　　　Edit 菜单功能

菜单命令	功　能
Undo	撤消最近一次操作
Redo	恢复被撤消的操作
Cut	将选定内容剪切并移至剪贴板
Copy	将选定内容复制到剪贴板
Paste	将剪贴板内容粘贴到当前光标处
Delete	删除当前选定的内容
Select All	选定当前活动窗口中的全部内容
Find	在当前文件中查找指定的字符串
Find in Files	在多个文件中查找指定的字符串
Replace	新字符串替换指定的字符串
Go To	将光标移到指定位置
Bookmarks	设置书签和书签导航
Advanced	实现高级编辑操作
List Members	列出有效成员名
Type Info	显示指定变量或函数的语法
Parameter Info	显示指定函数的参数格式
Complete Word	自动完成一条语句

1.6.3 View 菜单

View 菜单中的命令主要用来改变窗口的显示方式，激活指定的窗口、检查源代码时所用的各个窗口。如激活 ClassWizard 类的向导和 Debug Windows 调试窗口等。View 菜单功能如表 1.5 所示，其各项命令如图 1.23 所示。

表 1.5　　　　　　　　　　View 菜单功能

菜单命令	功　能
Class Wizard...	启动 MFC Class Wizard 类向导，编辑应用程序类
Resource Symbols	启动资源标识符 ID 编辑器，显示和编辑资源文件中的各种符号
Resource Includes	启动资源头文件管理器，修改资源包含文件
Full Screen	全屏方式显示窗口
Workspace	显示工作区窗口
Output	显示输出窗口
Debug Windows	显示调试信息
Refresh	刷新当前活动窗口内容
Properties	编辑当前选定对象的属性

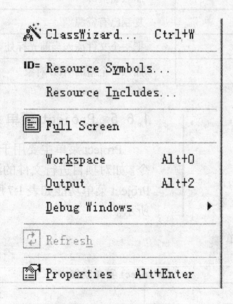

图 1.23　View 菜单

1.6.4 Insert 菜单

Insert 菜单主要用于项目、文件及各种资源的创建和添加。如向项目中添加新类、创建新的表单、创建新的资源、增加 ATL 对象等。Insert 菜单功能如表 1.6 所示，其各项命令如图 1.24 所示。

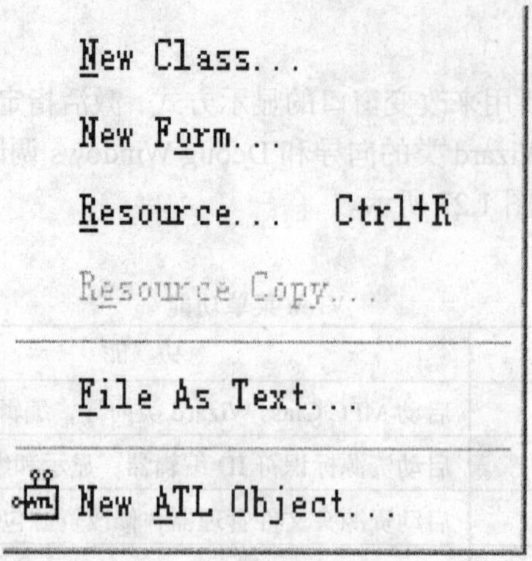

```
New Class...
New Form...
Resource...   Ctrl+R
Resource Copy...
File As Text...
New ATL Object...
```

图 1.24 Insert 菜单

表 1.6　　　　　　　　　　Insert 菜单功能

菜单命令	功　能
New Class…	弹出新建类对话框，添加一个新类
New Form…	弹出新表单对话框，添加一个新表单类
Resource…	插入新资源
Resource Copy…	复制已有资源
File As Text	把一个文件插入当前光标处
New ATL Object…	插入一个新的 ATL 对象

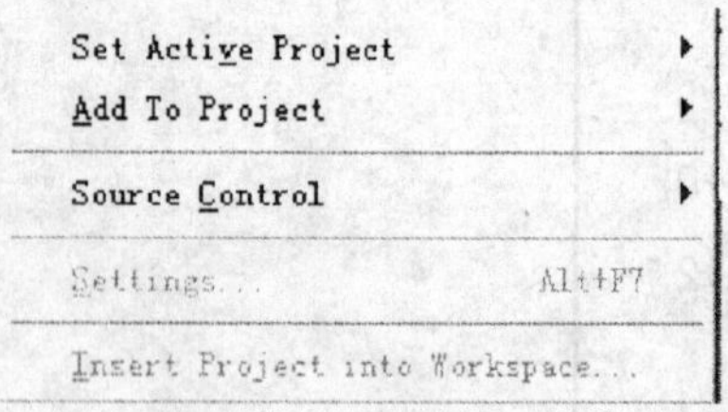

```
Set Active Project        ▶
Add To Project            ▶
Source Control            ▶
Settings...          Alt+F7
Insert Project into Workspace...
```

图 1.25 Project 菜单

1.6.5 Project 菜单

Project 菜单主要用于与项目管理有关的操作命令。如对项目进行文件的添加、插入和编辑工作等。Project 菜单功能如表 1.7 所示，其各项命令如图 1.25 所示。

表 1.7　　　　　　　　　　Project 菜单功能

菜单命令	功　能
Set Active Project	激活指定项目
Add To Project	将外部文件或组件添加到当前项目中
Settings…	设置项目的资源、连接、调试方式等
Insert Project into Workspace	插入一个项目到项目工作区中

1.6.6 Build 菜单

Build 菜单主要用于编译、连接和调试应用程序。如 Compile 菜单编译当前文件，Build 菜单对当前文件进行编译和链接，Rebuild All 菜单是对所有文件进行编译和链接，Start Debug 菜单用于启动调试器运行等。Debug 菜单只有在调试程序时才可见，如执行中断的程序、强行中断正在执行的被调试程序、启动调试器和被调试程序等。Build 菜单功能如表 1.8 所示，其各项命令如图 1.26 所示。

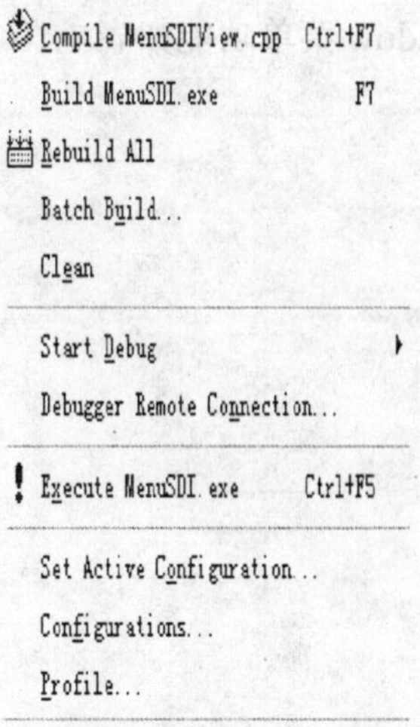

1.6.7 Tools 菜单

Tools 菜单主要用于选择或定制集成开发环境中的一些实用工具。如定制工具栏与菜单、激活常用工具的显示、关闭和修改命令的快捷键。Tools 菜单功能如表 1.9 所示，其各项命令如图 1.27 所示。

图 1.26 Build 菜单

表 1.8　　　　　　　Build 菜单功能

菜单命令	功　能
Compile	编译当前源代码文件
Build	编译、连接当前项目文件
Rebuild All	重新编译所有的源文件
Batch Build…	一次生成多个项目
Clean	删除项目的中间文件和输出文件
Start Debug	启动调试器的操作
Debug Remote Connection…	设置远程调试连接
Execute	执行应用程序
Set Active Configuration…	设置当前活动项目的配置
Configuration…	编辑项目配置
Profile…	启动剖析器，高效运行程序

表 1.9　　　　　　　Tools 菜单功能

菜单命令	功　能
Register Control	启动寄存器控制器
Error Lookup	启动错误查找器
ActiveX Control Test Container	打开 ActiveX 控件测试容器
OLE/COM Object Viewer	打开 OLE/COM 对象查看器
Spy++	查看所有活动窗口和控件的关系图及所有消息
MFC Tracer	启动跟踪器
Customize	定制开发环境界面中的菜单及工具栏
Options	开发环境设置
Macro…	宏操作
Record Quick Macro	录制新宏
Play Quick Macro	运行新录制的宏

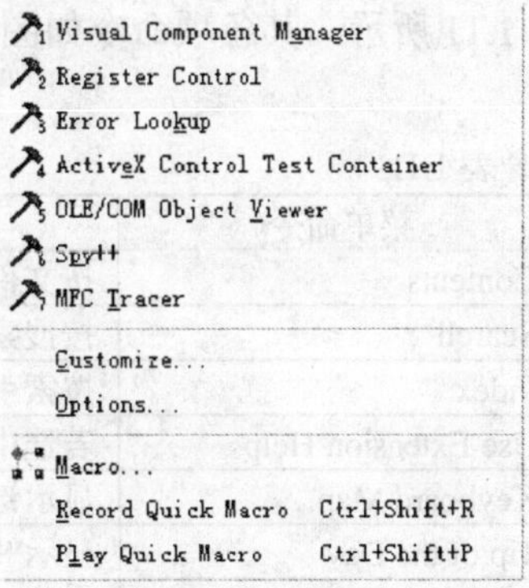

图 1.27　Tools 菜单

1.6.8 Window 菜单

Window 菜单主要用于排列开发环境的各个窗口。如打开或者关闭窗口、切分窗口等。Window 菜单功能如表 1.10 所示,其各项命令如图 1.28 所示。

图 1.28 Window 菜单

表 1.10　　　　　　　　　　Window 菜单命令功能

菜单命令	功　能
New Window	为当前文档显示打开另一个窗口
Split	拆分窗口
Docking View	打开或关闭窗口的停泊特征
Close	关闭当前窗口
Close All	关闭所有打开的窗口
Next	激活下一个窗口
Previous	激活上一个窗口
Cascade	层叠当前所有打开的窗口
Tile Horizontally	当前所有打开窗口依次纵向排列
Tile Vertically	当前所有打开窗口依次横向排列
Windows…	管理所有打开的窗口

1.6.9 Help 菜单

Help 菜单提供大量的帮助信息。启动 MSDN 可提供详细的帮助信息。Help 菜单功能如表 1.11 所示,其各项命令如图 1.29 所示。

表 1.11　　　　　　　　　　Help 菜单命令功能

菜单命令	功　能
Contents	按文件分类显示帮助信息
Search	按搜索方式显示帮助信息
Index	按索引方式显示帮助信息
Use Extension Help	若选中,按 F1 或其他帮助命令显示外部帮助信息,若未选中,则启用 MSDN
Keyboard Map…	显示键盘命令
Tip of the Day	显示"每天一贴"对话框
Technical Support	用微软技术支持方式获得帮助
Microsoft on the Web	微软网站
About Visual C++	显示版本注册信息

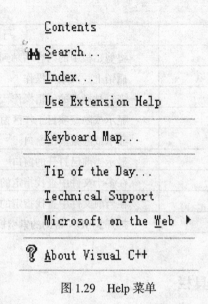

图 1.29　Help 菜单

1.7　工具栏

1.7.1　Standard 标准工具栏

标准工具栏（如图 1.30 所示）中的工具栏按钮主要包括有关文件、编辑操作的常用命令。如新建、保存、恢复、查找等。表 1.12 列出了各个命令按钮及功能。

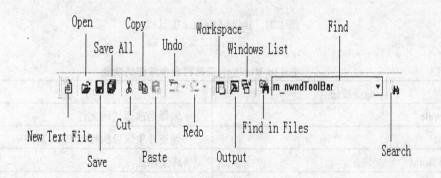

图 1.30　Standard 工具栏

表 1.12　　　　　　　　　　标准工具栏命令按钮功能

菜单命令	功　　能
New Text File	创建新的文本文件
Open	打开已存在的文件
Save	保存文件
Save All	保存所有打开的文件
Cut	将选定内容剪贴掉，并移至剪贴板中
Copy	将选定内容复制到剪贴板

续表

菜单命令	功能
Paste	将剪贴板中的内容粘贴到当前位置
Undo	撤销上一次编辑操作
Redo	恢复被撤销的编辑操作
Workspace	显示或隐藏项目工作区窗口
Output	显示或隐藏输出窗口
Windows List	显示当前已打开的窗口
Find in Files	在多个文件中查找指定的字符串
Find	在当前文件中查找指定的字符串
Search	打开 MSDN 帮助的索引窗口

1.7.2 Build MiniBar 工具栏

Build MiniBar 工具栏提供了常用的编译、连接、运行和调试操作命令，如图 1.31 所示。表 1.13 列出了各命令按钮的功能。

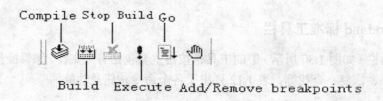

图 1.31 Build MiniBar 工具栏

表 1.13 Build MiniBar 工具栏命令按钮的功能

命令按钮	功能
Compile	编译当前源代码文件
Build	编连并生成可执行的.EXE 文件
Stop Build	终止编连
Execute	执行应用程序
Go	开始调试执行程序
Add/Remove breakpoints	插入或取消断点

1.7.3 WizardBar

类向导工具栏在 Windows 程序的编写和调试过程中可以方便地选择类的有关信息，如图 1.32 所示。表 1.14 列出了各个命令按钮及功能。

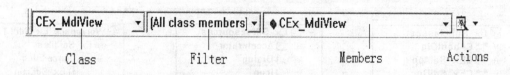

图 1.32 WizardBar 工具栏

表 1.14　　　　　　　　　　WizardBar 工具栏命令按钮功能

命令按钮	功　能
WizardBar C++ Class	类的列表框，选择激活类
WizardBar C++ Filter	选择相应类的资源标识
WizardBar C++ Members	类的成员函数列表
WizardBar C++ Actions	执行 Members 选择的命令项

Actions 控件含有一个按钮和一个下拉菜单。单击"Actions"控件按钮可以将光标移到指定类成员函数相应的源文件的声明和定义的位置处。单击"Actions"按件旁的向下箭头时，会弹出一个快键菜单，该菜单中粗体显示的是"Actions"按钮的默认操作项。该菜单中的命令选项取决于当前状态。

1.8　项目工作区窗口

1.8.1　Class View 窗口

单击类名左边"+"或双击图标，项目中的所有类名将被显示，双击类名前图标，则直接打开并显示类定义的头文件处；单击类名前的"+"，则会显示该类的成员变量和成员函数；双击成员函数前图标，可直接打开并显示相应函数体的源代码。若鼠标右击类名成员，从弹出式菜单中可添加、删除成员变量或成员函数，如图 1.33 所示。

注意一些图标所表示含义：使用紫色方块表示公有成员函数；蓝绿色图标表示成员变量；图标旁有一钥匙表示保护类型成员函数；图标旁有一个挂锁图标表示私有类型成员函数。

1.8.2　Resource View 窗口

Resource View 包含了 Windows 中各种资源的层次列表，有对话框、按钮、菜单、工具栏、图标、位图、加速键等，另外还有资源的 ID。单击"Resource View"标签，如图 1.34 所示。

1.8.3　File View 窗口

File View 可将项目中源代码文件分类显示，如实现文件（Source Files），头文件（Header Files），资源文件（Resource Files）等。单击 Resource View 标签，如图 1.35 所示。项目中的文件如下：

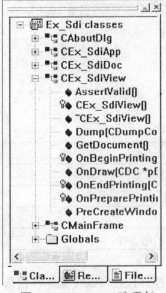
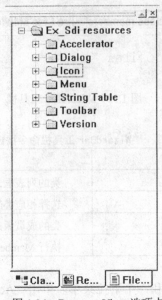
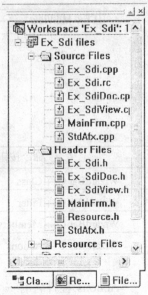

图 1.33　ClassView 选项卡　　　图 1.34　ResourceView 选项卡　　　图 1.35　FileView 选项卡

（1）头文件（*.h）　包含类的定义、函数的说明、其他头文件、符号常量以及宏的定义等。
（2）源文件（*.cpp）　程序代码的具体实现。
（3）工作区文件（*.dsw）　包含当前工作区所包含的项目的信息。
（4）项目文件（*.dsp）　包含当前项目的设置、所包含的文件等信息。
（5）资源文件（*.rc）　包含各种资源的定义。
注意：上面五种文件是不能删除的，否则工程不能正常工作。
（6）ClassWizard（*.clw）　信息文件。
（7）（*.aps）　二进制文件，支持 ResourceView，删除后会自动生成。
（8）浏览信息文件（*.ncb）　二进制文件，保存一些浏览信息，用来支持 ClassView。
（9）工作空间配置文件（*.opt）　二进制文件，保存工作空间的配置，删除后会自动生成。
（10）程序创建日志（*.plg）　记载项目创建的日志，以及编译连接信息。
（11）源程序信息浏览文件（*.bsc）　记载整个项目所有源程序的浏览信息。
　　一般使用项目的默认设置生成有关文件，用户可添加新的目录项，其方法是：在添加目录项的位置处单击鼠标右键弹出快捷菜单，并选择"New Folder"，出现如图 1.36 所示的对话框，输入目录项名称和相应的文件扩展名，单击"OK"即可。

图 1.36　"New Folder"对话框

1.9 输出窗口

输出窗口主要用来输出程序在编译连接、调试、查找过程中的有关信息。Visual C++ 6.0 主界面的输出窗口如图 1.1 所示。

输出窗口一般包含六个标签页，其基本功能如下：

Build：输出编译执行的消息。

Debug：输出调试信息。

Find in File 1：输出主菜单 Edit 中菜单项 Find in Files…的执行结果。

Find in File 2：执行 Members 选择的命令项。

Results：输出主菜单 Build 中菜单项 Profile…的执行结果。

SQL Debugging：显示 SQL 语句的调试结果。

1.10 编辑窗口

编辑窗口主要用来编辑文件的源代码。在 Visual C++ 6.0 主界面的编辑窗口见图 1.1。

在编辑窗口中可以设置文本、注释、书签、关键字、操作符、数字等的背景和颜色，设置的方法是：

选择 Tools 菜单中的 Options…选项弹出 Options 对话框，如图 1.37 所示，选择 Format 标签页可对文本、注释、书签、关键字、操作符、数字等的背景和颜色进行定制。

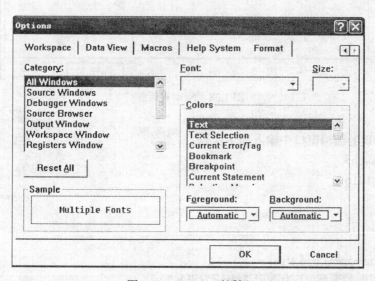

图 1.37 Options 对话框

1.11 调试器

在软件开发过程中，不可避免地会出现这样或那样的错误，为了验证程序的合理性与正确性，调试程序是编程过程中非常重要的一个环节。下面以一个简单应用程序的调试为例说明其调试过程。

创建一个控制台应用程序

（1）选择"File"菜单中"New"命令，弹出"New"对话框，在此对话框中选择"Project"标签，显示应用程序项目的类型，在"Project"列表框中，选择 Win32 Console Application，在"Project Name"文本框中输入新建的工程项目名称 Area。在 Location（位置）文本框中直接键入文件夹名称 Area 和相应的保存文件路径，也可单击右侧浏览按钮（…），可对默认路径进行修改。单击"OK"。

（2）在弹出的"Win32 Console Application-Step 1 of 1"对话框中选择"An empty project"选项。然后单击"Finish"按钮。

（3）选择"File"菜单中"New"命令，弹出"New"对话框，在此对话框中选择"Files"标签，选中 C++ Source File，在 File 文本框中输入文件名 Area，如图 1.38 所示，单击"OK"。

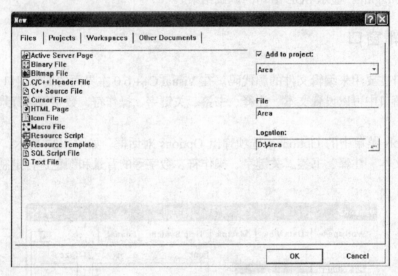

图 1.38　New 对话框

（4）在出现的编辑窗口中输入如下代码：

```
#include<iostream.h>
#define   PI   3.1416
void main()
{
    int shape;
    double radius=5,a=3,b=4,area;
    cout<< " 图形的形状?(1 为圆形,2 为长方形): ";
    cin>>shape;
    switch(shape)
    {
    case 1:
        cout<< " 圆的半径为: " <<radius<< " \n ";
        area=PI*radius*radiu;
        cout<< " 面积为: " <<area<<endl;
```

```
            break;
        case 2:
            cout<< " 长方形的长为: " <<a<<endl;
            cout<< " 长方形的宽为: " <<b<<endl;
            area=a*b;
            cout<< " 面积为: " <<area<<endl;
            break;
        default:
            cout<< " 不是合法的输入值! " <<endl;
    }
}
```

1.11.1　修正语法错误

　　有些错误在编译连接阶段可由编译系统发现并指出，称为语法错误。如数据类型或参数类型及个数不匹配，标识符未定义或不合法等，这些错误在程序编译后，会在 Output 窗口中列出所有的错误项及有关错误的信息，对 area.cpp 文件进行编译，在输出窗口中出现了如图 1.39 所示的错误信息，"area.exe – 1 error(s), 0 warning(s)"。其含义是：radiu 是一个未定义的标识符，错误发生在第 14 行。在 Output 窗口中双击错误项或将光标移到该错误提示处按 Enter 键，光标很快就跳到错误产生的源代码位置，同时在状态栏上也显示出错内容，也可以在某个错误项上，单击鼠标右键，在弹出的快捷菜单中选择"Go To/Error/Tag"命令。如要显示下一行错误的源代码按 F4 即可。找到 radiu 变量声明处，发现 radiu 变量后差一个字母 s，将 radiu 加上 s，重新编译连接生成可执行文件。

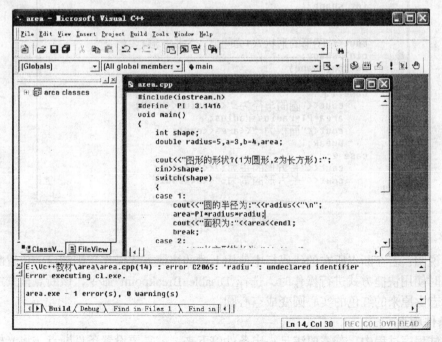

图 1.39　编译错误

当修改完语法错误生成可执行程序后,在 Output 窗口出现类似"area.exe – 0 error(s), 0 warning(s)"字样。表示程序编译没有错误,这并不意味着程序运行没有错误,有时发现程序运行结果与预期的结果不一致,有时甚至在运行时出现中止或死机,这些错误在编译时是不会显示出来的,只有在运行后才会出现,这种错误称为运行时错误。

1.11.2 设置断点

VC++6.0 提供了调试工具,对程序运行过程中发生错误,设置断点分步查找和分析。断点实际上是程序运行时的暂停点,程序运行到断点处便暂停,以便查看程序的执行流程和有关变量的值。断点分为:位置断点和逻辑条件断点。

1.位置断点

位置断点指示程序运行中断的代码行号。设置断点基本的方法如下:

(1)把光标移到需要设置断点的位置,按快捷键 F9。

(2)在需要设置断点的位置,单击鼠标右键,在弹出的快捷菜单中选择"Insert/Remove Breakpoint"命令。

(3)在 Build 工具栏上单击 按钮。

在编辑窗口左侧即该行左边出现一个红色的圆点,表示已经在这一语句行设置了断点,如图 1.40 所示。

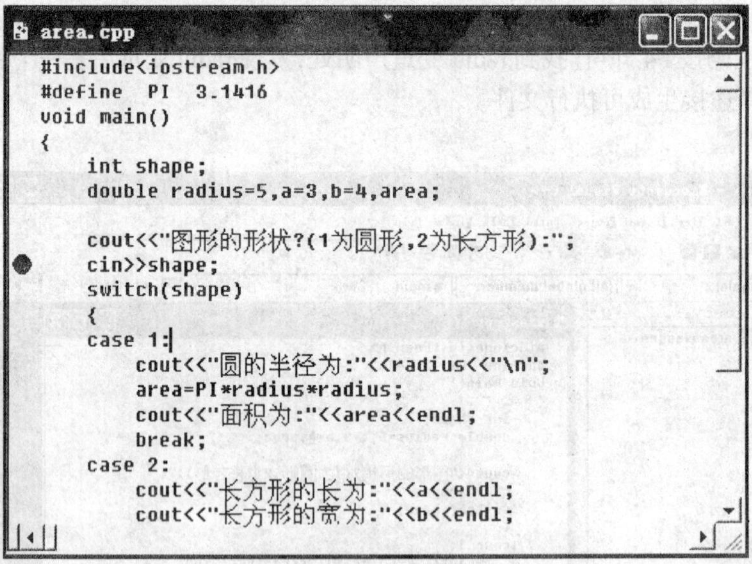

图 1.40 设置断点

需要说明:若在断点所在的代码行中使用上述的快捷方式操作,则相应的位置断点被清除。若此时使用快捷方式进行操作时,选择"Disable Breakpoint"命令,该断点被禁用,相应的断点标志由原来的红色的实心圆变成空心圆。

2.条件断点

在调试程序过程中,若需要满足一定条件停下来,就需要设置条件断点。将光标移到某行,选择"Edit"菜单中的 Breakpoints...命令(或按快捷键 Alt+F9)。弹出如图 1.41 所示的

Breakpoints 对话框。它包含三个页面：Location，Data 和 Message。下面分别加以介绍。

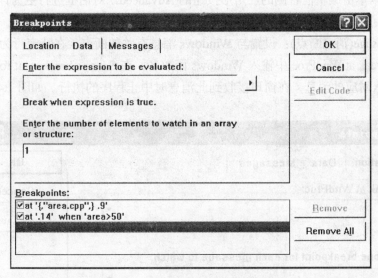

图 1.41　Breakpoints 对话框 Data 页面

（1）Location 页面（位置断点）：在符合某一逻辑条件具体位置设置断点，在 Break at 编辑框中输入断点名称（如代码行号或某函数名称等），或者单击"Break at"文本框右边的小三角形按钮，在弹出的快捷菜单中选择"Line 14",将 14 行设置为断点，单击"Condition"按钮，弹出如图 1.42 所示的 Breakpoint Condition 对话框，输入程序运行中断所需要的条件表达式。注意，逻辑表达式是在断点语句中出现的变量的值。如在 area=PI*radius*radius;语句处设置断点，可在断点条件对话框的第一个文本框中输入 area>50，程序运行，当条件满足时，断点才生效。在第二个对话框中输入观察数组元素的个数，在第三个对话框中输入程序在断点中止之前忽略次数。单击"OK"按钮，就设置了一个条件断点。

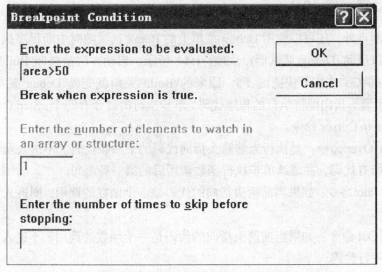

图 1.42　Breakpoint Condition 对话框

（2）Data 页面（数据断点）：在条件表达式的值发生变化或为真时，程序在该断点处中断执行，还可以单击编辑框右侧的三角形按钮的 Advanced…对话框进行更为详细的设置。如图 1.41 所示为 Breakpoints 对话框。

（3）Message(消息断点)：设置与 Windows 消息有关的断点，在特定行为发生时中断程序执行。在 Break at WndProc 中输入 Windows 函数名，在 Set one breakpoint for each message to watch 中输入对应的消息，在窗口接收到此消息时中止程序的执行。如图 1.43 所示。

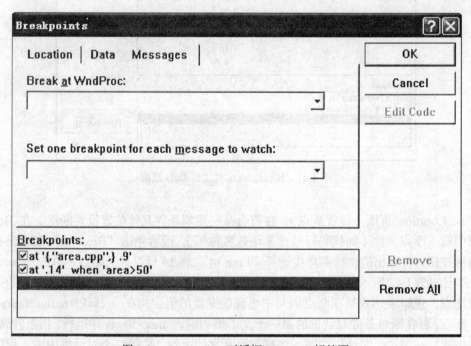

图 1.43　Breakpoints 对话框 Messages 标签页

1.11.3　启动调试器（Debug）

除了使用断点外，还可以使用 Debug 菜单上的 Break 选项随时中断程序执行。为了控制程序运行，可以启动 Debug(调试器)，如图 1.44 所示。启动方法是选择"Build"菜单中"Start Debug"子菜单的"Go"或按下快捷键 F5，原来的"Build"菜单就变成"Debug"菜单，如图 1.45 所示。有一个小箭头指向即将执行的程序代码，单步执行的命令有四个：Step Over、Step Into、Step Out 和 Run to Cursor 命令。

（1）Step Over 命令：是执行当前箭头指向代码的下一条代码。不进入函数体，而是执行函数体内的所有代码，并继续单步执行函数调用后的第一条语句。

（2）Step Into 命令：如果当前箭头指向的代码是一个函数的调用，则进入该函数体进行单步执行。

（3）Step Out 命令：如果当前箭头指向的代码是一个函数的调用，不进入函数体内，而是直接执行下一行代码。

（4）Run to Cursor 命令：使程序运行到光标所在的行处。

图 1.44 Debug 调试器

图 1.45 Debug 菜单

1.11.4 调试器观察窗口

1. Watch 窗口

在 Debug 调试状态下，为了查看变量或表达式的值，在 Watch 窗口（如图 1.46 所示）Name 栏中输入变量名称，按回车键，可看到 Value 栏中出现变量值，如果没有看到 Watch 窗口，选择 "View" 菜单中的 "Debug Windows"，子菜单 "Watch" 可打开，有四个标签 Watch1、Watch2、Watch3、Watch4。可以将同一个窗口中的相关变量放在一个标签页中，以便监视窗口变量。若用户要查看变量或表达式的类型时，在变量栏中单击右键，从弹出的快捷菜单中选择 "Properties" 即可。

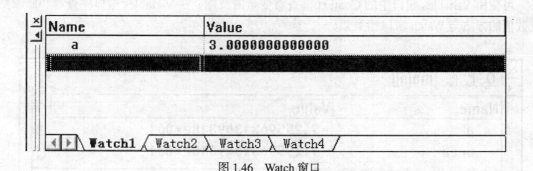

图 1.46 Watch 窗口

2. QuickWatch 窗口

QuickWatch 窗口用于快速查看及修改变量和表达式的值或将变量和表达式添加到观察窗口。在 Debug 调试状态下，选择 "Debug" 菜单中的子菜单 "QuickWatch"，弹出 QuickWatch

窗口，如图 1.47 所示。在 Express 编辑框中输入变量名或表达式，按 Enter 或单击"Recalculate"在 Current value 列表中显示出相应的值，如果要添加一个新的变量或表达式的值，则单击"AddWatch"在 Current value 列表中显示出相应的值。

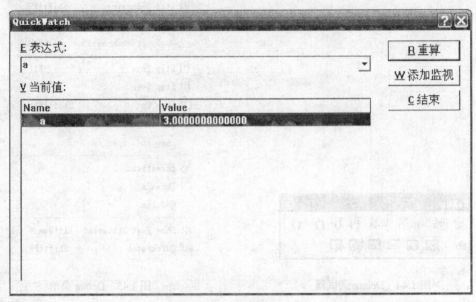

图 1.47 QuickWatch 窗口

3. Variables 窗口

在 Debug 调试状态下，Variables 窗口快速显示当前函数中的变量，如果没有看到 Variables 窗口，选择"View"菜单中的"Debug Windows"，子菜单"Variables"可打开，有三个标签页：Auto(自动)、Locals（局部）、This（当前），如图 1.48 所示。

Auto 标签页显示当前行或前一行语句中所使用的变量。当跳出或执行该函数时，还返回该函数的返回值。

Locals 标签页显示当前函数中的局部变量。

This 标签页显示由 This 指针所指向的对象。

可使用 Variables 窗口中的 Context 框查看变量的范围，在 Variables 窗口中查看和修改变量数值的方法与 Watch 窗口相类似。

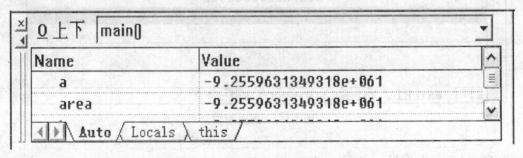

图 1.48 Variables 窗口

4. Registers(寄存器)窗口

在 Debug 调试状态下，Registers 窗口显示寄存器中当前值,如图 1.49 所示。

图 1.49　Registers 窗口

5. Memory(内存)窗口

用来查看所调试内存中内容的窗口，如图 1.50 所示。

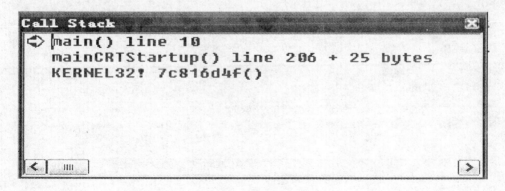

图 1.50　Memory 窗口

6. Call Stack(调用堆栈)窗口

显示查看调用堆栈的窗口，如图 1.51 所示。

图 1.51　Call Stack 窗口

7. Disassembly（反汇编）窗口

Disassembly 显示汇编语言的代码，如图 1.52 所示。

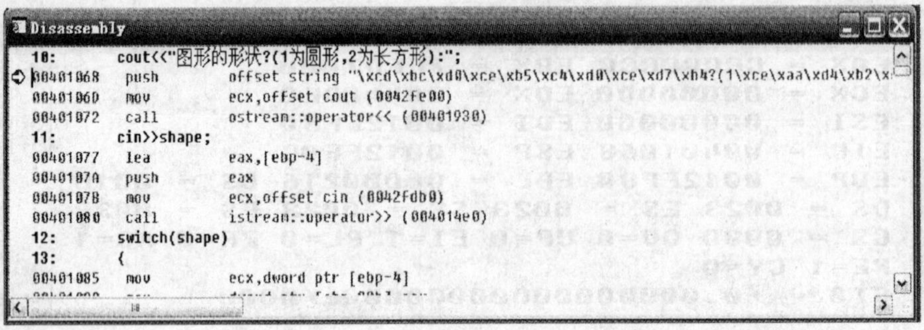

图 1.52 Disassembly 窗口

第二部分　实 验 指 导

第二部分　实验指导

实验1　熟悉 Visual C++6.0 开发环境应用和创建控制台项目

目的要求

（1）熟悉 Visual C++6.0 开发环境。
（2）掌握 Visual C++6.0 编写 C++控制台应用程序。
（3）掌握简单语法错误修改和调试程序一般过程。

实验内容

编写一个简单的输入输出程序。

实验步骤

1. 启动 Visual C++6.0 开发环境

单击"开始"菜单中的"程序"，选中"Microsoft Visual Studio 6.0"中的"Microsoft Visual C++ 6.0"菜单项。

2. 创建一个项目

具体步骤如下：

（1）单击"File"菜单下的"New"命令，弹出 New 的对话框，如图 2.1 所示。

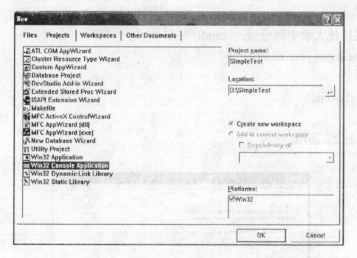

图 2.1　New 对话框

（2）在"Projects"选项页中，选择"Win32 Console Application"（Win32 控制台应用程序）选项，在 Project Name 文本框中输入项目名称 SimpleTest，在 Location 文本框中指定该文件的保存位置，然后单击"OK"按钮，弹出"Win32 Console Application-Step 1 of 1"对话框。

（3）保持默认设置，直接单击"Finish"按钮，出现"New project Information"对话框，

单击"OK"按钮，创建结束。
3. 编辑 C++源程序文件
（1）单击"File"菜单下的"New"命令，弹出 New 的对话框，如图 2.2 所示，打开"Files"选项卡，在其列表框中选择"C++ Source File"选项，在屏幕右边的 File 文本框中输入文件名 SimpleTest，其他保持默认设置，然后单击"OK"按钮，即可在编辑窗口中编写代码了。

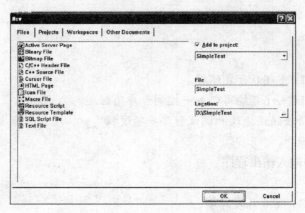

图 2.2　New 对话框

（2）建立一个简单的输入输出程序，源程序代码如下：
```
#include<iostream.h>
void main()
{
    int i;
    cout<<"武汉科技大学中南分校."<<endl;
    cout<<"Please input your number:";
    cin>>I;
    cout<<"i="<<i<<endl;
}
```
编辑窗口如图 2.3 所示。

图 2.3　编辑窗口

注意：在编辑代码时，除了字符串和注释可以使用汉字外，其余一律采用英文字符输入，标点符号必须在英文方式下输入。

（3）编辑代码完成后，选择 File 菜单中的 Save 或按 Ctrl+S 将文件保存。

4. 编译程序

选择菜单 Build 中 Build Simple.exe 或按 F7，建立可执行程序。

如果源代码正确，生成可执行程序。如果程序有语法错误，则在输出窗口的 Build 页面中出现 "Simple.exe – 1 error(s), 0 warning(s)" 字样。

5. 修正语法

用鼠标定位到第一条错误信息的地方，错误信息为 "SimpleTest.cpp(7) : error C2065: 'I' : undeclared identifier"，其含义是;错误位置第 7 行是一个未定义标识符，双击错误信息行，光标将自动定位在发生错误的代码行上。将 I 改为 i 重新编译和链接，则可生成可执行文件 SimpleTest.exe。

按 Ctrl+F5 编译、链接、运行程序，查看运行结果是否和预期结果相同。

6. 设置断点

把光标移到需要设置断点的位置，按快捷键 F9，如图 2.4 所示。

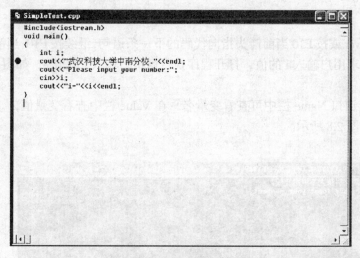

图 2.4　设置断点

（1）选择 "Build" 菜单中 "Start Debug" 子菜单的 "Go" 或按下快捷键 F5。原来的 "Build" 菜单就变成 "Debug" 菜单，如图 2.5 所示。有一个小箭头指向即将执行的程序代码，单步执行的命令有四个：Step Over、Step Into、Step Out 和 Run to Cursor 命令。

（2）Step Over 命令是执行当前箭头指向代码的下一条语句。不进入函数体，而是执行函数体内的所有代码，并继续单步执行函数调用后的第一条语句。

（3）Step Into 命令如果当前箭头指向的代码是一个函数的调用，则进入该函数体单步执行。

（4）Setup Out 命令如果当前箭头指向的代码是一个函数的调用，不进入函数体内，而是直接执行下一行代码。

（5）Run to Cursor 命令使程序运行到光标所在的行处。

调试窗口如图 2.6 所示。

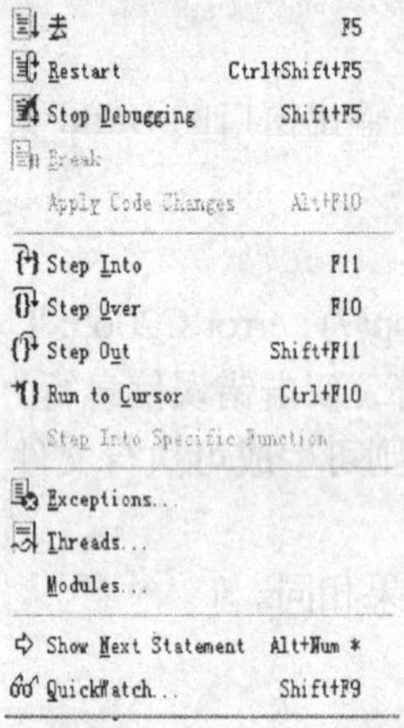

图 2.5　Debug 菜单 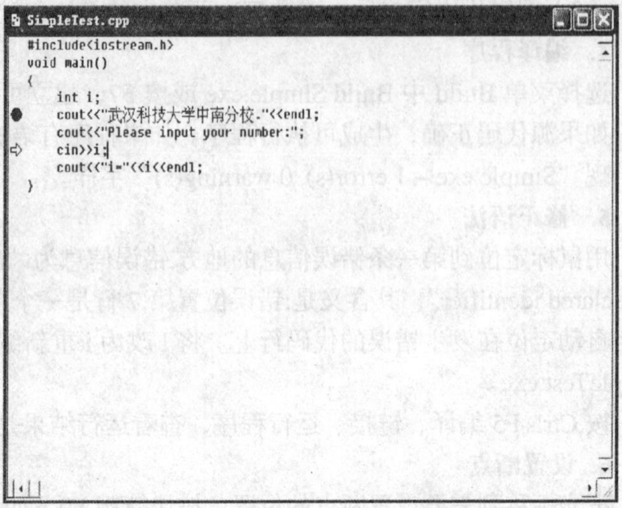　　　　　　　　　　　图 2.6　调试窗口

选择 Step Over 或按 F10 当前箭头指向代码的下一条语句,继续按 F10,当箭头指向 cin>>i; 语句时,程序要求用户输入 i 的值,打开程序执行窗口,输入 i 的值 8,如图 2.7 所示,然后回到调试窗口。

在 Variables 窗口 Name 栏中可查看变量名,在 Value 栏中查看变量值, Context 框查看变量的范围,如图 2.8 所示。

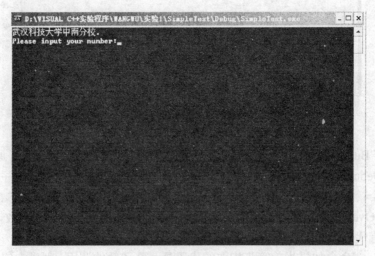

图 2.7　程序执行窗口

为了查看变量或表达式的值,在 Watch 窗口(如图 2.9 所示)Name 栏中输入变量名,按回车键,可看到 Value 栏中出现变量值。

继续按 F10 执行程序,打开程序执行窗口,可看到程序输出结果。

终止调试,选择"Debug"菜单下的 Stop Debugging 即退出调试程序。

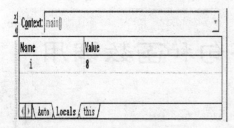

图 2.8　Variables 窗口

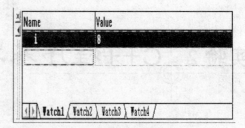

图 2.9　Watch 窗口

实验总结

(1) 创建控制台应用程序一般有哪些方法?
(2) 实验中遇到哪些问题?你是如何解决的?
(3) 将上述问题及体会写出实验报告。

实验2 C++程序基本语句和函数调用

目的要求
（1）掌握C++编程的基本方法、基本格式。
（2）掌握基本的函数调用方法。

实验内容
（1）输入矩形的长和宽，计算输出矩形的周长。
（2）一个两位数是由0至9之间不同的两个数构成的，计算输出有多少种方法。
（3）输出1至100之间各位数的乘积大于各位数之和的数。如14，有1*4<1+4，故不输出该数，而38，有3*8>3+8，故输出该数。
（4）输入3个数，然后按从小到大顺序显示出来。

实验步骤
实验（1） 输入矩形的长和宽，计算输出矩形的周长。
（1）从"开始"菜单启动Microsoft Visual Studio 6.0子菜单中的Microsoft Visual C++ 6.0。
（2）进入Microsoft Visual C++ 6.0的界面后，单击左上角的"File"菜单，在弹出菜单中单击"New"，在"New"对话框中选择"File"选项卡，选中"C++ Source File"，后单击"OK"。
（3）在出现的程序编辑区输入如下程序：

```cpp
#include<iostream.h>
int L,W,S;
void say()                    //定义函数say()
{
        cout<< " Please input: " <<endl;
}
void input(int a,int b)       //定义函数input()
{
        L=a;
        W=b;
}
void main()                   //定义主函数main()
{
        say();                //在主函数中调用say()函数
        int A,B;
        cin>>A>>B;
```

```
        input(A,B);              //在主函数中调用 input()函数
        void output();           //在主函数中声明 output()函数原型
    output();                    //output()函数的原型声明好后再调用
}
void output()                    //定义函数 output()
{
    int S=2*(L+W);
    cout<<S<<endl;
}
```

（4）在"File"菜单中选择"Save"，在弹出的"保存"对话框中输入相应的文件名（注意，不要修改文件扩展名".cpp"），选择合适的保存路径保存该源文件。

（5）在"Build"菜单中选择"Start Debug"，在弹出的二级菜单中点击"GO"，此时会弹出一个对话框询问是否要创建一个工程（project），点击"是"，此时会弹出一个对话框询问是否要创建一个可执行文件（文件扩展名为 exe），点击"Yes"。

（6）此时会弹出一个程序在 DOS 下运行的窗口，将其关闭。在"Build"菜单中选择"Execute"（该菜单项前面带有一个"!"）。

（7）输入：

Please input:
2 3↙

计算结果为：
10

读者也可以输入其他任意的两个数字来测试该程序。

（8）分析程序运行结果并说明理由。

（9）如果将程序第 1 行语句改为"#include<stdio.h>"，运行时会出现什么错误?为什么?

（10）如果将 output()函数定义放在主函数前面，在主函数 main()中是否还需要声明?

实验（2） 一个两位数是由 0 至 9 之间不同的两个数构成的，计算输出有多少种方法。按实验（1）的步骤在程序编辑区输入如下程序：

```
#include<iostream.h>
int count()
{
    int count=0;
    for(int i=1;i<9;i++)
     for(int j=0;j<9;j++)
        if(i==j)   continue;
        else       count++;
    return count;
}
void main()
{
cout<<count()<<endl;
```

}
（1）分析程序运行结果并说明理由。
（2）如果构成一个三位数程序如何修改？
（3）在上面程序 else 后面加入如下语句：
for(int k=0;k<=9;k++)
    if(k!=i&&k!=j)
分析程序运行结果并说明理由。

实验（3） 输出 1 至 100 之间各位数的乘积大于各位数之和的数。如 14，有 1*4<1+4，故不输出该数，而 38，有 3*8>3+8，故输出该数。

按实验（1）的步骤在程序编辑区输入如下程序：

```
#include<iostream.h>
#include<iomanip.h>
void M()
{
    for(int i=1;i<=100;i++)
    {
      int  x=1,y=0,j;
       j=i;
       do
       {
         x*=j%10;
         y+=j%10;
       }while(j/=10);
       if(x>y)   cout<<setw(4)<<i;
    }
}
void main( )
{
    M();
  cout<<endl;
}
```

（1）分析程序运行结果并说明理由。
（2）如果将 do-while 语句改为 while 语句如何修改程序？

实验（4） 程序代码自己完成。

总结实验过程并写出实验报告。

实验 3　类与对象

目的要求

（1）掌握 C++ 程序的基本结构。
（2）了解类与对象的定义与使用。
（3）掌握如何定义与调用内联函数。
（4）掌握函数重载的使用方法。
（5）掌握 C++ 程序中 if 语句的使用。

实验内容

（1）定义一个 Sum 类，包含两个数据成员和一个成员函数用于计算求 1 至 100 之间的整数和，定义一个普通函数用于输出提示信息。
（2）定义一个内联函数，计算圆的周长。
（3）定义重载函数 Area() 计算三角形面积，有两个形参分别为 int 类型和 double 类型。
（4）用 if 语句编程求一元二次方程式 $ax^2+bx+c=0$ 的解。讨论下述情况：
①$b^2-4ac=0$ 有两个相等实根；
②$b^2-4ac>0$ 有两个不等实根；
③$b^2-4ac<0$ 无实根。
（5）设计程序使程序运行结果为：

```
              *
           *     *
         *         *
       *             *
     * * * * * * * * * * *
```

实验步骤

实验（1）　定义一个 Sum 类，包含两个数据成员和一个成员函数用于计算求 1 至 100 之间的整数和，定义一个普通函数用于输出提示信息。

（1）从"开始"菜单启动 Microsoft Visual Studio 6.0 子菜单中的 Microsoft Visual C++ 6.0；
（2）进入 Microsoft Visual C++ 6.0 的界面后，点击左上角的"文件"，在弹出菜单中点击"新建"，在"新建"对话框中选择"文件"选项卡，选中"C++ Source File"后点击"确定"；
（3）在出现的程序编辑区输入如下程序：

```cpp
#include<iostream.h>
class Sum           //声明一个名为 Sum 的类
{
```

```cpp
public:                        //公有类型函数成员
        void TOTAL();
private:                       //私有类型数据成员
        int t,i;
};
void Sum::TOTAL()
        {
        int i=1;
        int t=0;
        while(i<=100)
        {
                t=t+i;
                i++;
        }
  cout<<t<<endl;
  }
void SHOW()                    //定义普通函数 SHOW()
{
        cout<<"Total:"<<endl;
}
void main()                    //主函数
{
        Sum mySum;             //声明 Sum 类的对象 mySum
        SHOW();                //调用普通函数 SHOW()
        mySum.TOTAL();         //通过对象 mySum 来访问类中的成员函数
}
```

（4）在"文件"菜单中选择"保存"，在弹出的"保存"对话框中输入相应的文件名（注意，不要修改文件扩展名"cpp"），选择合适的保存路径保存该源文件。

（5）在"编译"菜单中选择"开始调试"，在弹出的二级菜单中点击"GO"，此时会弹出一个对话框询问是否要创建一个工程（project），点击"是"，此时会弹出一个对话框询问是否要创建一个可执行文件（文件扩展名为 exe），点击"是"。

（6）此时会弹出一个程序在 DOS 下运行的窗口，将其关闭。在"编译"菜单中选择"执行"（该菜单项前面带有一个"!"）。

（7）分析程序运行结果并说明理由。

（8）如果定义一个带参数的构造函数，程序如何修改。

实验（2） 定义一个内联函数，计算圆的周长。

按实验（1）步骤在程序编辑区输入如下程序：

```cpp
#include<iostream.h>
inline double C(double r)      //内联函数，计算圆的周长
{
```

```
        double p=3.14;
        return 2*p*r;
}
//主函数
double main()
{
    int x(2);                    //x 是圆的半径
    double NEWc;
    NEWc=C(x);                   //调用内联函数求圆的周长
    cout<<NEWc<<endl;
    return 0;
}
```
分析程序运行结果并说明理由。

实验（3） 定义重载函数 Area()计算三角形面积，有两个形参分别为 int 类型和 double 类型。按实验（1）步骤在程序编辑区输入如下程序：
```
#include<iostream.h>
//定义用来计算三角形面积的函数 Area()，形参为 int 型，有两个形参
void Area(int x,int y)
{
    int S=x*y/2;
    cout<<S<<endl;
}
//定义用来计算三角形面积的函数 Area()，形参为 double 型，有两个形参
void Area(double x,double y)
{
    double S=x*y/2;
    cout<<S<<endl;
}
void main()
{
Area(3,2);     //形参有两个且为 int 型，所以调用第一个 Area()函数
Area(8.6,6.8); //形参有两个且为 double 型，所以调用第二个 Area()函数
}
```
分析程序运行结果并说明理由。

实验（4） 用 if 语句编程求一元二次方程式 $ax^2+bx+c=0$ 的解。讨论下述情况：
① $b^2-4ac=0$ 有两个相等实根；
② $b^2-4ac>0$ 有两个不等实根；
③ $b^2-4ac<0$ 无实根。

按实验（1）步骤在程序编辑区输入如下程序：
```
#include<iostream.h>
```

```cpp
#include<math.h>
double D(float a,float b,float c)
{
    double d=sqrt(b*b-4*a*c);
    return(d);
}
double X1(float a,float b,float c)
{
    double s1,x1;
    s1=-b+D(a,b,c);
    x1=s1/(2*a);
    return(x1);
}
double X2(float a,float b,float c)
{
    double s2,x2;
    s2=-b-D(a,b,c);
    x2=s2/(2*a);
    return(x2);
}
void main()
{
    float a,b,c;
    cout<< " please input: " <<endl;
cin>>a>>b>>c;
if (b*b-4*a*c<0)
    {
        cout<< " b*b-4*a*c<0 " <<endl;
}
    else if (b*b-4*a*c==0)
    {
        double A;
        A=X1(a,b,c);
        cout<< " X= " <<A<<endl;
    }
    else if (b*b-4*a*c>0)
    {
        double A,B;
        A=X1(a,b,c);
        cout<< " X1= " <<A<<endl;
```

```
        B=X2(a,b,c);
        cout<< " X2= " <<B<<endl;
    }
}
```
（1）运行程序后,输入 a、b、c 的值，进行测试。
（2）分析程序运行结果并说明理由。
实验（5） 程序代码自己完成。
总结实验并写出实验报告。

实验4 构造函数与析构函数

目的要求

(1) 掌握C++程序中数组的定义与使用。
(2) 掌握C++程序中动态内存管理运算符的使用。
(3) 掌握对象指针的定义与使用方法。
(4) 掌握类与对象的概念、定义与使用方法。
(5) 掌握构造函数与析构函数的用法。

实验内容

(1) 分别使用数组和动态内存管理运算符，设计程序使程序运行结果为：

```
0 1
0 1 2
0 1 2 3
0 1 2 3 4
0 1 2 3 4 5
0 1 2 3 4 5 6
0 1 2 3 4 5 6 7
0 1 2 3 4 5 6 7 8
0 1 2 3 4 5 6 7 8 9
```

(2) 定义一个4阶方阵进行转置，输入转置后的矩阵。

(3) 定义一个employee类，包括姓名、性别、编号和年龄，一个带参数的构造函数，一个析构函数和输出有关信息的成员函数。

(4) 使用对象指针调用employee类的成员函数。

(5) 定义一个 Student 类,其中包括 4 个学生编号、姓名、城市和邮编等属性以及dispdata()函数。函数 dispdata()用于输出4个学生编号、姓名、城市和邮编等属性。

(6) 设计 Income 类，此类包含3个私有数据成员：bicycle、motorcycle（自行车和摩托车数量）以及 total(当天销售总收入)。自行车的单价是 220 元/辆，摩托车的单价是 3 000 元/辆），以构造函数建立此值。若输入某天销售量，计算当天的总收入。

(7) 定义一个学生类，输入 5 个学生的数学、C++和汇编的成绩，并按总分降序排列。

实验步骤

实验(1) 分别使用数组和动态内存管理运算符,在程序编辑区输入如下程序：

```cpp
#include<iostream.h>
void main()
{
```

```
    int a[10][10],i,j;
    for(i=0;i<=9;i++)
    {
        for(j=0;j<=i;j++)
        {
            a[i][j]=j;
            cout<<a[i][j] << "   ";
        }
        cout<<endl;
    }
}
```

（1）分析程序运行结果并说明理由。
（2）如果将数组改为指针表示，如何修改程序。

实验（2） 定义一个4阶方阵进行转置，输入转置后的矩阵。
在程序编辑区输入如下程序：

```
#include<iostream.h>
void main()
{
    int i,j;
    int (*P)[10];
    P=new int[10][10];              //创建动态数组
    for(i=0;i<=9;i++)
    {
        for(j=0;j<=i;j++)
        {
            *(*(P+i)+j)=j;          //通过指针访问数组的各个元素
            cout<<P[i][j] << "   ";  //将指针作为数组名来使用
        }
            cout<<endl;
    }
    delete[] P;                      //删除动态数组，释放内存空间
}
```

（1）分析程序运行结果并说明理由。
（2）比较两个程序的异同。

实验（3） 定义一个employee类，包括姓名、性别、编号和年龄，一个带参数的构造函数，一个析构函数和输出有关信息的成员函数。在程序编辑区输入如下程序：

```
#include<iostream.h>
class employee
{
public:
```

```cpp
        employee(int NewNo,char NewName[4],char NewSex,int NewAge);
                                       //声明构造函数原型
        void output();
         ~ employee();                  //声明析构函数原型
private:
        char Namc[4],Sex;
        int No,Age;
};
//构造函数的具体实现
employee::employee(int NewNo,char NewName[4],char NewSex,int NewAge)
{
       for (int i=0;i<=3;i++)
       {
          Name[i]=NewName[i];
       }
       No=NewNo;
       Sex=NewSex;
       Age=NewAge;
}
void employee::output()
{
       cout<<No<< " , " ;
       for (int i=0;i<=3;i++)
       {
            cout<<Name[i];
       }
       cout<< " , " <<Sex<< " , " <<Age<<endl;
}
employee:: ~ employee()                 //析构函数的具体实现
{
 cout<< " goodbye! " <<endl;
}
void main()
{
        employee myemployee(220401, " JACK " ,'M',23);  //声明并初始化对象
        cout<< " show:   " <<endl;
        myemployee.output ();                //通过对象名访问对象成员
}
```

（1）分析程序运行结果并说明理由。
（2）如果使用对象指针，程序如何修改？

实验（4） 使用对象指针调用 employee 类的成员函数。在程序编辑区输入如下程序：

```cpp
#include<iostream.h>
class employee
{
 public:
      employee(int NewNo,char NewName[4],char NewSex,int NewAge);
       //声明构造函数原型
      void output();
      ~ employee();              //声明析构函数原型
 private:
      char Name[4],Sex;
      int No,Age;
};
//构造函数的具体实现
employee::employee(int NewNo,char NewName[4],char NewSex,int NewAge)
{
     for (int i=0;i<=3;i++)
     {
        Name[i]=NewName[i];
     }
     No=NewNo;
     Sex=NewSex;
     Age=NewAge;
}
void employee::output()
{
     cout<<No<< " , " ;
     for (int i=0;i<=3;i++)
     {
         cout<<Name[i];
     }
     cout<< " , " <<Sex<< " , " <<Age<<endl;
}
employee::employee()          //析构函数的具体实现
{
     cout<< " goodbye! " <<endl;
}
void main()
{
     employee myemployee(220401, " JACK " , 'M',23); //声明并初始化对象
```

```
        cout<< " show: " <<endl;
        employee *p;            //声明对象指针
        p=&myemployee;          //初始化对象指针
        p->output();            //用对象指针访问对象成员
}
```
可以看出，程序运行结果与第（3）题完全相同。分析程序运行结果并说明理由。

实验（5） 定义一个 Student 类,其中包括 4 个学生编号、姓名、城市和邮编等属性以及 dispdata()函数。函数 dispdata()用于输出 4 个学生编号、姓名、城市和邮编等属性。在程序编辑区输入如下程序：

```
#include<iostream.h>
#include<iomanip.h>
#include<string.h>
class Student
{
    private:
        int no;
        char name[10];
        char city[20];
        char zip[8];
    public:
        Student(int n,char *na,char *ct,char *zi);
        void dispdata();
};
Student::Student(int n,char *na,char *ct,char *zi)
{
    no=n;
    strcpy(name,na);
    strcpy(city,ct);
    strcpy(zip,zi);
}
void Student::dispdata()
{
    cout<< "    " <<no<< "      " <<name<< "       " <<city<< "        " <<zip<< "       " <<endl;
}
void main()
{
    Student *stu[4];
    stu[0]=new Student(1, " 张兰 " , " 武汉 " , " 430200 " );
    stu[1]=new Student(2, " 刘飞 " , " 长沙 " , " 430203 " );
```

```
        stu[2]=new Student(3,"李红","上海","430204");
        stu[3]=new Student(4,"王强","重庆","430205");
cout<<"  编号    姓名      城市      邮编    "<<endl;
cout<<"  ----    -----    -----    -----   "<<endl;
for(int i=0;i<4;i++)
stu[i]->dispdata();
}
```

分析程序运行结果并说明理由。

实验（6） 设计 Income 类，此类包含 3 个私有数据成员：bicycle、motorcycle（自行车和摩托车数量）以及 total（当天销售总收入）。自行车的单价是 220 元/辆，摩托车的单价是 3 000 元/辆，以构造函数建立此值。若输入某天销售量，计算当天的总收入。在程序编辑区输入如下程序：

```
#include<iostream.h>
class Income
{
    private:
        int bicycle,motorcycle,total;
        int bprice,mprice; //单价
    public:
        Income(int b,int m)
        {
            bprice=220;
            mprice=3000;
            bicycle=b;
            motorcycle=m;
            total=b*220+m*3000;
        }
    void display()
    {
        cout<<"当天的总收入: "<<total<<endl;
    }
};
void main()
{
    Income M(10,20);
    M.display();
}
```

分析程序运行结果并说明理由。

实验（7） 程序代码自己完成。

总结实验并写出实验报告。

实验 5　静态成员与友元

实验目的
（1）掌握静态成员变量和静态成员函数的用法。
（2）掌握友元函数的用法。
（3）掌握友元类的用法。

实验内容
（1）定义一个 M 类，该类中包括一个静态成员变量 S 以及静态成员函数 input() 和 output()。
（2）定义一个 Area 类，该类中包括一个静态成员变量 count 和一个静态成员函数 outputcount()，count 用来记录访问 input() 函数的次数，outputcount() 用来输出 count 的值。
（3）定义一个 number 类，在该类中声明一个友元函数，通过该函数调用 number 类中的有关成员。
（4）定义一个时间类 Time 和日期类 datetime，其中后者被声明为前者的友元类。这样在 datetime 类中可以访问 Time 类中的有关成员。
（5）定义一个 Point 类和一个 Circle 类，声明 Circle 类为 Point 类的友元类，输出和修改点的坐标，计算圆的面积。
（6）定义一个 CPoint 类，定义友元函数实现重载运算符 "+"。

实验步骤
实验（1）　定义一个 M 类，该类中包括一个静态成员变量 S 以及静态成员函数 input() 和 output()。在程序编辑区输入如下程序：

```
#include<iostream.h>
class M
{
public:
    void input(int a);
    void output() {cout<<S<<endl;}
private:
    int A;
    static int S;     //静态成员变量
};
void M::input(int a)
{
    A=a;
```

```
        S=S+A*A;
}
int M::S=0;
void main()
{
    M myM1;
    M myM2;
    myM1.input(3);
    myM1.output();
    myM2.input(3);
    myM2.output();
}
```
分析程序运行结果并说明理由。

实验（2） 定义一个 Area 类，该类中包括一个静态成员变量 count 和一个静态成员函数 outputcount()，count 用来记录访问 input()函数的次数，outputcount()用来输出 count 的值。在程序编辑区输入如下程序：

```
#include<iostream.h>
class Area
{
public:
    void input(int NewR);
    void output();
    static void outputcount() {cout<<count<<endl;} //静态成员函数
private:
    int R;
    double p;
    double S;
    static int count;                              //静态成员变量
};
void Area::input(int NewR)
{
    p=3.14;
    R=NewR;
    S=p*R*R;
    count++;
}
int Area::count=0;

void Area::output()
{
```

```
        cout<<S<<endl;
}
void main()
{
    Area myArea;
    myArea.input(2);
    myArea.output();
    Area::outputcount();        //访问静态成员函数
    myArea.input(3);
    myArea.output();
    Area::outputcount();        //再次访问静态成员函数
}
```

分析程序运行结果并说明理由。

实验（3） 定义一个 number 类，在该类中声明一个友元函数，通过该函数调用 number 类中的有关成员。在程序编辑区输入如下程序：

```
#include<iostream.h>
class number
{
public:
    number(int NewN);
    friend int J(number &a);       //友元函数声明
    ~number(){};
private:
    int N;
};
number::number(int NewN)
{
    N=NewN;
}
int J(number &x)                   //友元函数的具体实现
{
    int N= x.N;
    int j=1;
    while(N>=1)
    {
        j=j*N;
        N--;
    }
    return(j);
}
```

```cpp
void main()
{
    number mynumber(5);         //声明并初始化对象 mynumber
    cout<<J(mynumber)<<endl;    //计算并输出
}
```
分析程序运行结果并说明理由。

实验（4） 定义一个时间类 Time 和日期类 datetime，其中后者被声明为前者的友元类。这样在 datetime 类中可以访问 Time 类中的有关成员。在程序编辑区输入如下程序：

```cpp
#include<iostream.h>
class time                      //声明一个名为 time 的类
{
public:
    void gettime(int NewH,int NewMi,int NewS);
    void showtime();
    friend class datetime;      //声明 datetime 为 time 类的友元类
private:
    int H,Mi,S;
};
void time::gettime(int NewH,int NewMi,int NewS)
{
    H=NewH;
    Mi=NewMi;
    S=NewS;
}
void time::showtime()
{
    cout<<H<<":"<<Mi<<":"<<S<<endl;
}
class datetime                  //声明 datetime 类
{
public:
    void getdatetime(int NewY,int NewMo,int NewD,int NewH1,int NewMi1,int NewS1);
    void showdatetime();
private:
    time mytime;    //因为 datetime 是 time 的友元类，所以可以声明 time 类的
                    //一个对象 mytime 为 datetime 类的私有成员
    int Y,Mo,D;
};
void datetime::getdatetime(int NewY,int NewMo,int NewD,int NewH1,int NewMi1,int NewS1)
{
```

```
    mytime.H=NewH1;      //因为 datetime 是 time 的友元类，故 datetime 类中的
                         //员函数可以访问 time 类中的私有成员
    mytime.Mi=NewMi1;
    mytime.S=NewS1;
    Y=NewY;
    Mo=NewMo;
    D=NewD;
}
void datetime::showdatetime()
{
cout<<Y<< " – " <<Mo<< " – " <<D<< " "
 " <<mytime.H<< " : " <<mytime.Mi<< " : " <<mytime.S<<endl;
}
void main()
{
    time MYtime;
    MYtime.gettime(8,30,30);
    MYtime.showtime();
    datetime MYdatetime;
    MYdatetime.getdatetime(1980,11,28,8,30,30);
    MYdatetime.showdatetime();
}
```
分析程序运行结果并说明理由。

实验（5） 定义一个 Point 类和一个 Circle 类，声明 Circle 类为 Point 类的友元类，输出和修改点的坐标，计算圆的面积。在程序编辑区输入如下程序：

```
#include<iostream.h>
class Point
{
    int px,py;
    friend class Circle;
 public:
    Point();
    Point(int x,int y);
};
Point::Point()
{
    px=0;
    py=0;
}
Point::Point(int x,int y)
```

```cpp
{
    px=x;
    py=y;
}
class Circle
{
    Point p;
    int R;
public:
    Circle();
    Circle(int a,int b,int r):p(a,b),R(r){ }
    double Area();
    void Disp();
    void Chang(int X,int Y,int M);
};
Circle::Circle()
{
    R=0;
}
double Circle::Area()
{
    double area;
    area=R*R*3.14159;
    return area;
}
void Circle::Disp()
{
    cout<< " ( " <<p.px<<','<<p.py<< " )      R= " <<R<<endl;
}
void Circle::Chang(int X=0,int Y=0,int M=0)
{
    p.px+=X;
    p.py+=Y;
    R+=M;
}
void main()
{
    Circle c1,c2(7,8,9);
    cout<< " c1: " ;
    c1.Disp();
```

```
            cout<< " c2: " ;
            c2.Disp();
            c1.Chang(5,6);
            cout<< " Chang c1: " ;
            c1.Disp();
            cout<<c1.Area()<< "    " <<c2.Area()<<endl;
}
```
分析程序运行结果并说明理由。

实验（6）   程序代码自己完成。

总结实验并写出实验报告。

实验6　继承和派生

实验目的

掌握派生类的声明和使用方法，并进一步强化友元类的声明与使用方法。

实验内容

（1）声明一个求长方形面积的基类 RectangularArea，在此基类的基础上派生出求正方形面积的类 ExactsquareArea，再声明一个求三角形面积的类 TriangleArea 来计算如图 2.10 所示图形的面积。

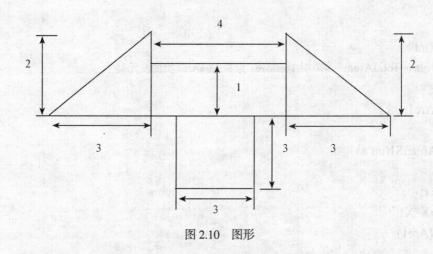

图 2.10　图形

（2）声明一个 Auto 类，在 Auto 类基础上派生出 car 类、bus 类和 truck 类，再在 car 类基础上派生出 supercar 类。

（3）声明一个 Aircraft 类，在 Aircraft 类基础上派生出 Fighter 类和 Bomber 类，再由 Fighter 类和 Bomber 类派生出 AttackBomber 类。

实验步骤

实验（1）　在程序编辑区输入如下程序：

```
#include<iostream.h>
class RectangularArea
{
public:
    int S1(int x,int y);
    void output1();
    friend class TotalArea; //声明 TotalArea 为 RectangularArea 类的友元类
```

```cpp
private:
    int X,Y,Are1;
};
int RectangularArea::S1(int x,int y)
{
    int X=x;
    int Y=y;
    Are1=X*Y;
    return(Are1);
}
void RectangularArea::output1()
{    cout<<Are1<<endl;    }
//SquareArea 由 RectangularArea 类派生而来
class SquareArea:public RectangularArea
{
 public:
    int S1(int x);
    friend class TotalArea;    //声明 TotalArea 为 SquareArea 类的友元类
 private:
    int X,Are1;
};
int SquareArea::S1(int x)
{
    int X=x;
    Are1=X*X;
    return(Are1);
}
class TriangleArea
{
public:
    double S2(int a,int b);
    void output2();
    friend class TotalArea;    //声明 TotalArea 为 TriangleArea 类的友元类
private:
    int A,B,Are2;
};
double TriangleArea::S2(int a,int b)
{
    int A=a;
    int B=b;
```

```
        Are2=A*B/2;
        return(Are2);
}
void TriangleArea::output2()
{    cout<<Are2<<endl;    }
class TotalArea
{
 public:
        double S(int d,int h,int l1,int w,int l2);
        void output();
 private:
        RectangularArea myRectangularArea;
        SquareArea mySquareArea;
        TriangleArea myTriangleArea;
        double TA;
};
double TotalArea::S(int d,int h,int l1,int w,int l2)
{
        myTriangleArea.A=d;
        myTriangleArea.B=h;
        myRectangularArea.X=l1;
        myRectangularArea.Y=w;
        mySquareArea.X=l2;
        TA=myRectangularArea.X*myRectangularArea.Y+2*myTriangleArea.A*myTriangleArea.B/2+mySquareArea.X*mySquareArea.X;
        return(TA);
}
void TotalArea::output()
{    cout<<"The area is:"<<TA<<endl;    }
void main()
{
        TotalArea myTotalArea;
        myTotalArea.S(3,2,4,1,3);
        myTotalArea.output();
}
```

分析程序运行结果并说明理由。

实验（2） 声明一个 Auto 类，在 Auto 类基础上派生出 car 类、bus 类和 truck 类，再在 car 类基础上派生出 supercar 类。在程序编辑区输入如下程序：

```
#include<iostream.h>
class Auto
```

```cpp
{
public:
    virtual void length()=0;        //声明纯虚函数
    virtual void width()=0;
    virtual void hight()=0;
};
class car:public Auto
{
public:
    void length()
    {cout<< " The length is 5200mm " <<endl;}
    void width()
    {cout<< " The width is 1850mm " <<endl;}
    void hight()
    {cout<< " The hight is 1500mm " <<endl;}
};
class bus:public Auto
{
public:
    void length()
    {cout<< " The length is 12200mm " <<endl;}
    void width()
    {cout<< " The width is 2250mm " <<endl;}
    void hight()
    {cout<< " The hight is 3000mm " <<endl;}
};
class supercar:public car
{
public:
    void speed()
    {cout<< " The speed is 320km/h " <<endl;}
};
class truck:public Auto
{
public:
    void length()
    {cout<< " The length is 11800mm " <<endl;}
    void width()
    {cout<< " The width is 2280mm " <<endl;}
    void hight()
```

```
        {cout<< " The hight is 2900mm " <<endl;}
};
void Point(Auto *ptr)
{
    ptr–>length();
    ptr–>width();
    ptr–>hight();
}
void main()
{
    Auto *p;
    car c;
    bus b;
    truck t;
    supercar sc;
    cout<< " car: " <<endl;
    p=&c;
    Point(p);
    cout<< " bus: " <<endl;
    p=&b;
    Point(p);
    cout<< " truck: " <<endl;
    p=&t;
    Point(p);
    cout<< " supercar: " <<endl;
    p=&sc;
    Point(p);
    sc.speed();
}
```

分析程序运行结果并说明理由。

实验（3） 声明一个 Aircraft 类，在 Aircraft 类基础上派生 Fighter 类和 Bomber 类，再由 Fighter 类和 Bomber 类派生 AttackBomber 类。在程序编辑区输入如下程序：

```
#include<iostream.h>
class Aircraft
{
public:
    virtual void length()=0;      //声明纯虚函数
    virtual void width()=0;
    virtual void hight()=0;
    virtual void speed()=0;
```

```cpp
};
class Fighter:public Aircraft
{
 public:
     void length()
     {cout<< " The length is 15000mm " <<endl;}
     void width()
     {cout<< " The width is 12000mm " <<endl;}
     void hight()
     {cout<< " The hight is 5600mm " <<endl;}
     void speed()
     {cout<< " The speed is 2600km/h " <<endl;}
};
class Bomber:public Aircraft
{
 public:
     void length()
     {   cout<< " The length is 26000mm " <<endl;   }
     void width()
     {   cout<< " The width is 16000mm " <<endl;   }
     void hight()
     {   cout<< " The hight is 6800mm " <<endl;   }
     void speed()
     {   cout<< " The speed is 1200km/h " <<endl;   }
     void load()
     {   cout<< " The load is 12t " <<endl;         }
};
class AttackBomber:public Fighter,public Bomber
{
 public:
     void range()
     {cout<< " The range is 3900km " <<endl;}
};
void Point(Aircraft *ptr)
{
     ptr->length();
     ptr->width();
     ptr->hight();
     ptr->speed();
}
```

```
void main()
{
    Aircraft *p;
    Fighter f;
    Bomber b;
    AttackBomber ab;
    cout<< " Fighter: " <<endl;
    p=&f;
    Point(p);
    cout<< " Bomber: " <<endl;
    p=&b;
    Point(p);
    b.load();
    cout<< " AttackBomber: " <<endl;
    ab.load();
    ab.range();
}
```

分析程序运行结果并说明理由。

总结实验并写出实验报告。

实验7 纯虚函数与抽象类

实验目的
（1）掌握纯虚函数与抽象类。
（2）掌握多态性。

实验内容
（1）声明一个 Province 类，在 Province 中声明纯虚函数 ProvincialCapital()，以 Province 类为基类，派生出 JiangSu、HuBei 和 ZheJiang 这三个派生类。体会纯虚函数与抽象类的作用。
（2）声明一个 Auto 类，在 Auto 中声明纯虚函数 length()、width()、hight()，以 Auto 类为基类，派生出 car、bus 和 truck 这三个派生类。体会纯虚函数与抽象类的作用。

实验步骤
实验（1） 在程序编辑区输入如下程序：

```cpp
#include<iostream.h>
class Province
{
 public:
     virtual void ProvincialCapital()=0;        //声明纯虚函数
};
class JiangSu:public Province
{
 public:
     void ProvincialCapital()
{cout<< " The Provincial capital is NanJing " <<endl;}
};
class HuBei:public Province
{
 public:
     void ProvincialCapital()
     {cout<< " The Provincial capital is WuHan " <<endl;}
};
class ZheJiang:public Province
{
 public:
     void ProvincialCapital()
```

```
        { cout<< " The Provincial capital is HangZhou " <<endl;}
};
void Point(Province *ptr)
{
    ptr->ProvincialCapital();
}
void main()
{
    Province *p;                    //声明抽象类的指针
    JiangSu J;
    HuBei H;
    ZheJiang Z;
    p=&J;
    Point(p);
    p=&H;
    Point(p);
    p=&Z;
    Point(p);
}
```
分析程序运行结果并说明理由。

实验（2） 在程序编辑区输入如下程序：
```
#include<iostream.h>
class Auto
{
 public:
        virtual void length()=0;    //声明纯虚函数
        virtual void width()=0;
        virtual void hight()=0;
};
class car:public Auto
{
 public:
        void length()
        {cout<< " The length is 5200mm " <<endl;}
        void width()
        {cout<< " The width is 1850mm " <<endl;}
        void hight()
        {cout<< " The hight 1500mm " <<endl;}
};
class bus:public Auto
```

```
{
public:
    void length()
    {cout<< " The length is 12200mm " <<endl;}
    void width()
    {cout<< " The width is 2250mm " <<endl;}
    void hight()
    {cout<< " The hight 3000mm " <<endl;}
};
class truck:public Auto
{
public:
    void length()
    {cout<< " The length is 11800mm " <<endl;}
    void width()
    {cout<< " The width is 2280mm " <<endl;}
    void hight()
    {cout<< " The hight 2900mm " <<endl;}
};
void Point(Auto *ptr)
{
    ptr->length();
    ptr->width();
    ptr->hight();
}
void main()
{
    Auto *p;              //声明抽象类的指针
    car c;
    bus b;
    truck t;
    cout<< " car: " <<endl;
    p=&c;
    Point(p);
    cout<< " bus: " <<endl;
    p=&b;
    Point(p);
    cout<< " truck: " <<endl;
```

    p=&t;
    Point(p);
}
分析程序运行结果并说明理由。
总结实验并写出实验报告。

实验8 函数模板类模板

实验目的
(1) 掌握函数模板。
(2) 掌握类模板。
实验内容与步骤
实验(1) 在程序编辑区输入如下程序:
```
#include<iostream.h>
template <typename T>            //定义函数模板
T sum(T a,T b)
{
    return a*b;
}
void main()
{
    cout<<sum(2.2,3.3)<<endl;
    cout<<sum(7,8)<<endl;
}
```
分析程序运行结果并说明理由。
实验(2) 在程序编辑区输入如下程序:
```
#include<iostream.h>
template <class T>               //声明类模板
class su
{
public:
    T   sum(T a,T b);            //模板类中的成员函数必须是函数模板
    T   max(T a,T b);
};
template <class T>               //模板类中成员函数 sum()的实现
T   su<T>::sum(T a,T b)
{
    return a*b;
}
template <class T>               //模板类中成员函数 max()的实现
```

```
T    su<T>::max(T a,T b)
{
    return a>b? a:b;
}
void main()
{
    su<int> mysu;                        //声明 su 模板类的对象 mysu
    cout<<mysu.sum(6,10)<<endl;
    su<double> mysu1;                    //声明 su 模板类的对象 mysu1
    cout<<mysu1.sum(6.6,8.8)<<endl;
    su<int> mysu2;                       //声明 su 模板类的对象 mysu2
    cout<<mysu.max(6,10)<<endl;
    su<double> mysu3;                    //声明 su 模板类的对象 mysu3
    cout<<mysu1.max(6.6,8.8)<<endl;
}
```
分析程序运行结果并说明理由。

总结实验并写出实验报告。

实验 9　创建 MFC 的应用程序

目的要求

（1）掌握用 MFC　AppWizard(exe)创建 SDI、MDI 的应用程序。
（2）了解 MFC 应用程序如何实现消息映射机制。掌握 ClassWizard 消息映射的方法。
（3）了解 SDI 和 MDI 的异同。
（4）掌握为一个类添加成员变量和成员函数的方法。
（5）掌握用 MFC　AppWizard(exe)创建基于对话框的应用程序。

实验内容

（1）创建一个单文档应用程序 MySDI。在文档中显示一串文本，单击鼠标左键时弹出一个消息对话框。
（2）设计一个单文档的应用程序，当运行程序时，从键盘输入的字符会相应的在视图窗口中显示。
（3）创建基于对话框的应用程序。单击"消息"按钮时弹出消息对话框，单击"是"按钮时弹出消息对话框；单击"否"按钮时，弹出消息对话框；单击"取消"按钮时弹出消息对话框。

实验步骤

实验（1）

实验步骤如下：

（1）启动 Visual C++6.0，单击 File 菜单下的 New 命令，打开 New 对话框。
（2）在 New 对话框 Projects 标签中，选择 MFC AppWizard(exe)选项，在 Project name 文本框中输入新建的工程项目名称 MyMFC，在 Location 文本框中指定该文件的保存位置，然后单击 OK 按钮。
（3）在弹出的"MFC Appwizard-Step 1"对话框中设置应用程序的类型：Single Document(单文档)，其他保持默认设置，单击 Next 按钮。
（4）在"MFC Appwizard-Step 4 of 6"对话框中单击 Advanced 按钮，在 Main frame Caption 文本框中输入"武汉科技大学"，其他保持默认设置，单击 Finish 按钮。
（5）编译、连接、运行程序。单击工具栏的按钮 ▦ 或按 F7 编译、连接生成.exe 文件，单击工具栏的按钮 ! 或按 Ctrl+F5 运行程序，结果如图 2.11 所示。应用程序标题为"武汉科技大学"。
（6）在视图中显示文本。将项目工作区窗口切换到 ClassView 页面，打开 CMyMFCView 类的 OnDraw 函数，并添加下列代码：

```
Void  CMyMFCView::OnDraw(CDC* pDC)
{
```

```
    CMyMFCDoc* pDoc = GetDocument();
    ASSERT_VALID(pDoc);
    pDC->TextOut(100, 100, " 这是一个单文档程序！ ");
}
```

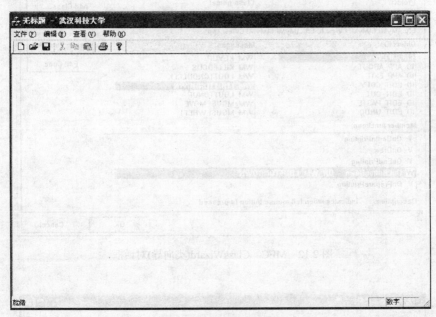

图 2.11　程序运行结果

（7）在视图类中添加一个单击鼠标的消息。按 Ctrl+W 键，打开 MFC ClassWizard(类向导)对话框，如图 2.12 所示，在 Class name 组合框中选中 CMyMFCView，在 Object IDs 列表框中选中 CMyMFCView，在 Messages 列表框中选中 WM_LBUTTONDOWN 消息，单击 Add Function 按钮，出现添加消息函数对话框，使用默认函数名，单击 OK 按钮。然后单击 Edit Code 按钮，ClassWizard 自动添加消息函数体框架并将光标定位在该函数体内。在消息映射函数中添加下列代码：

```
Void   CMyMFCView::OnLButtonDown(UINT nFlags, CPoint point)
{
    MessageBox(" 你按中了消息框 ");
    CView::OnLButtonDown(nFlags, point);
}
```

（8）编译链接运行程序。单击工具栏的按钮 ▭ 或按 F7 编译、连接生成.exe 文件，然后单击工具栏的按钮 ! 或按 Ctrl+F5 运行程序，结果如图 2.13 所示。当用户单击鼠标左键时，弹出消息对话框。

实验（2）

实验步骤如下：

（1）启动 Visual C++6.0，单击 File 菜单下的 New 命令，打开 New 对话框。

（2）在 New 对话框 Projects 标签中，选择 MFC AppWizard(exe)选项，在 Project name

文本框中输入新建的工程项目名称 CharSdi，在 Location 文本框中指定该文件的保存位置，然后单击 OK 按钮。

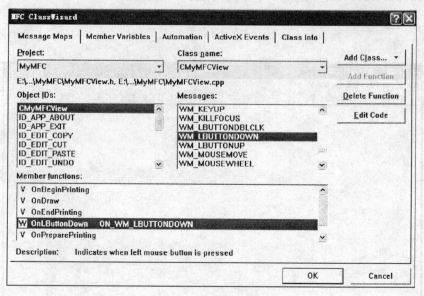

图 2.12　MFC ClassWizard(类向导)对话框

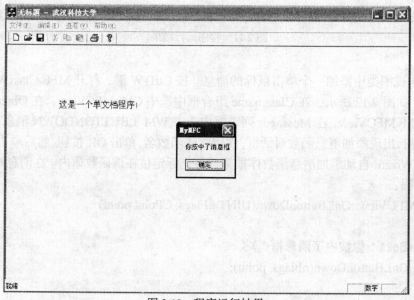

图 2.13　程序运行结果

（3）在弹出的"MFC Appwizard-Step 1"对话框中设置应用程序的类型：Single Document(单文档)，其他保持默认设置，单击 Finish 按钮。

（4）为文档类添加一个成员变量用于保存输入的字符串。将项目工作区窗口切换到 ClassView(类视图)页面，用鼠标右键单击 CCharSdiDoc 类名，从弹出的快键菜单中选择"Add Member Variable(添加成员变量)"，弹出"Add Member Variable"对话框，如图 2.14 所示，输入成员变量类型为 CString，成员变量名称为 str，保留默认的访问方式为 Public。

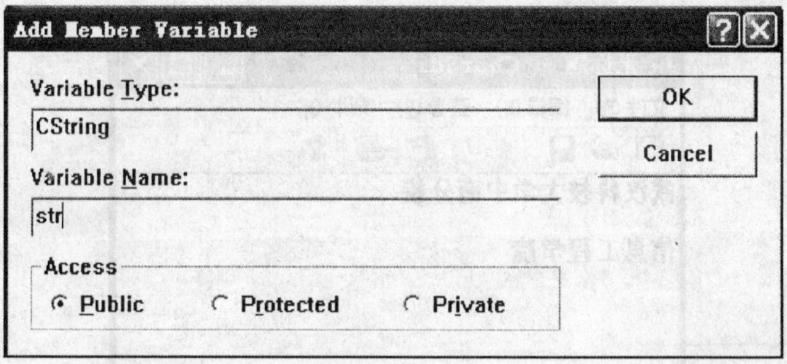

图 2.14 添加成员变量对话框

（5）为视图类添加键盘消息。按 Ctrl+W 组合键，打开 MFC ClassWizard(类向导)对话框，在 Class name 组合框中选中 CCharSdiView 类，在 Object IDs 列表框中选中 CCharSdiView 类，在 Messages 列表框中选中 WM_CHAR 消息，单击 Add Function 按钮，出现添加消息函数对话框，使用默认函数名，单击 OK 按钮。然后单击 Edit Code 按钮，ClassWizard 自动添加消息函数体框架并将光标定位在该函数体内。在消息映射函数中添加下列代码：

```
void   CCharSdiView::OnChar(UINT nChar, UINT nRepCnt, UINT nFlags)
{
    CCharSdiDoc* pDoc = GetDocument();               //获取当前文档对象的指针
    ASSERT_VALID(pDoc);
    if(nChar=='\b')                                   //判断是否输入退格键
        pDoc->str.Delete(pDoc->str.GetLength()-1,1);  //去掉字符串最后一个字符
    else
        pDoc->str+=nChar;                             //保存输入字符
    Invalidate();                                     //刷新窗口
    CView::OnChar(nChar, nRepCnt, nFlags);
}
```

（6）在视图中显示文本。将项目工作区窗口切换到 ClassView 页面，打开 CCharSdiView 类的 OnDraw 函数，并添加下列代码：

```
void   CCharSdiView::OnDraw(CDC* pDC)
{
    CCharSdiDoc* pDoc = GetDocument();
    ASSERT_VALID(pDoc);
    CRect p;
    GetClientRect(&p);                                //获取窗口客户区坐标
    pDC->DrawText(pDoc->str,p,DT_WORDBREAK|DT_LEFT);  //输出文本
}
```

（7）编译、连接、运行程序。单击工具栏的按钮 或按 F7 编译、连接生成.exe 文件，

然后单击工具栏的按钮 ! 或按 Ctrl+F5 运行程序,结果如图 2.15 所示。当用户从键盘输入字符串时,在视图窗口中会显示相应内容。

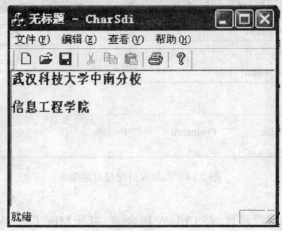

图 2.15 程序运行结果

实验(3)
实验步骤如下:
(1)启动 Visual C++6.0。
(2)打开"File"菜单中"New"的对话框,选择"Projects"标签新建一个项目,在"Projects"标签页中选择"MFC AppWizard(exe)",输入项目名称 MessDlg 和保存的位置,如图 2.16 所示,单击"OK"。

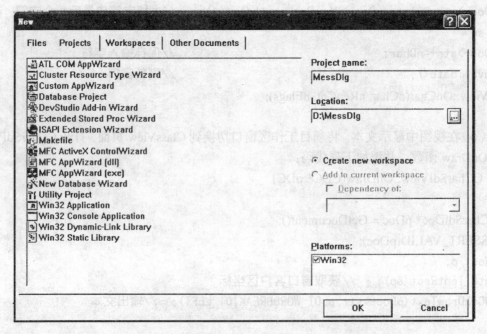

图 2.16 New 对话框

（3）选择应用程序类型 Dialog based，如图 2.17 所示。单击"Finish"，然后单击"OK"。生成如图 2.18 所示的界面。

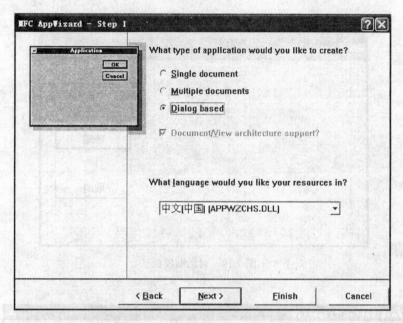

图 2.17　MFC　AppWizard-Step 1

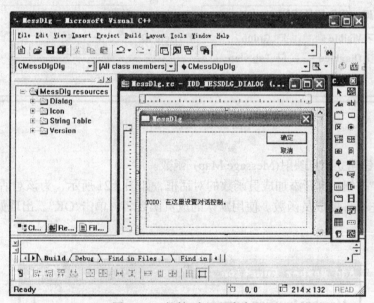

图 2.18　对话框应用程序窗口

（4）增加一个按钮(设 ID 和标题)。

单击"TODO：在这里设置对话框控制。"控件，按 Delete 删除此控件。单击控件布局工具栏中的网格按钮，使对话框显示出网格点，便于控件的对齐。单击控件工具栏中的"Button"控件，将鼠标光标移到对话框内变成"十"字形状时单击鼠标左键，则出现一个按钮，将该按钮放到如图2.19所示的位置。右键单击此按钮，从弹出的快捷菜单中选取属性（Properties）命令，打开该按钮的属性对话框，如图2.20所示。将控件标题（Caption）改为"消息",ID号为默认值。

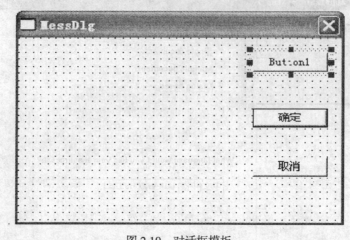

图2.19　对话框模板

图2.20　属性对话框

（5）为按钮建立消息映射(Message Map) 函数。

双击"消息"按钮，打开添加成员函数的对话框，如图2.21所示，为该对话框类添加一个处理鼠标的单击事件的成员函数。使用默认的成员函数名，单击"OK"。出现如图2.22所示的界面。

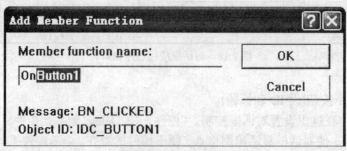

图2.21　添加成员函数的对话框

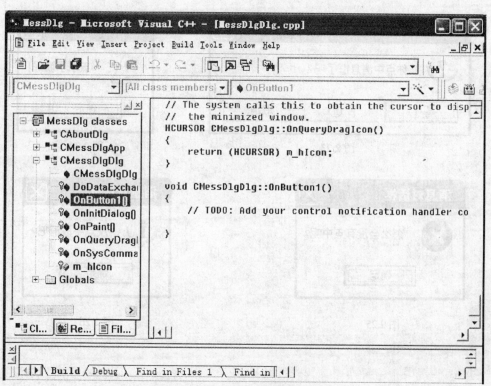

图 2.22 消息映射函数添加代码窗口

（6）为按钮的消息映射函数 OnButton1()添加代码如下：
void　CMessDlgDlg::OnButton1()
{
　　// TODO: Add your control notification handler code here
　　int　id = MessageBox("你点中消息框了吗？"," 消息对话框",MB_YESNOCANCEL | MB_ICONQUESTION);
　　if(id == IDYES)
　　　　MessageBox("点中了就好！"," 消息对话框",MB_ICONWARNING);
　　if(id == IDNO)
　　　　MessageBox("怎么会没有点中呢？"," 消息对话框",MB_ICONERROR);
　　if(id == IDCANCEL)
　　　　MessageBox("没点中取消息吧？"," 消息对话框",MB_ICONASTERISK);
}

编译运行程序，在对话框中单击"消息"按钮时，弹出如图 2.23 所示的对话框。单击"是"按钮时，弹出如图 2.24 所示的对话框，单击"否"按钮时，弹出如图 2.25 所示的对话框，单击"取消"按钮时，弹出如图 2.26 所示的对话框。

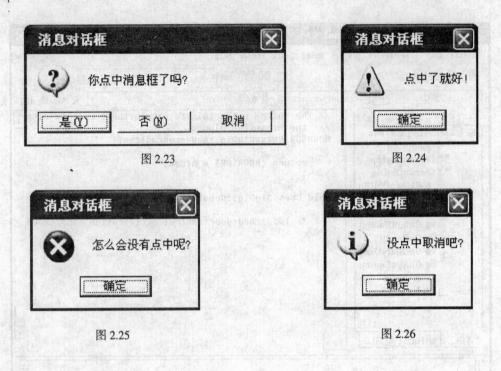

图 2.23

图 2.24

图 2.25

图 2.26

实验 10　文档和视图

目的要求

（1）理解文档模板的作用以及文档类型，掌握文档模板的字符串资源的定义方法。

（2）熟悉文档序列化的过程，学会对文档的内容显示和保存的方法。

实验内容

（1）创建一个单文档应用程序 SerialSdi，通过文档序列化 Serialize 函数使用，对数据进行存储和读出，在应用程序中打开名为"Read"文件。结果如图 2.27 所示。

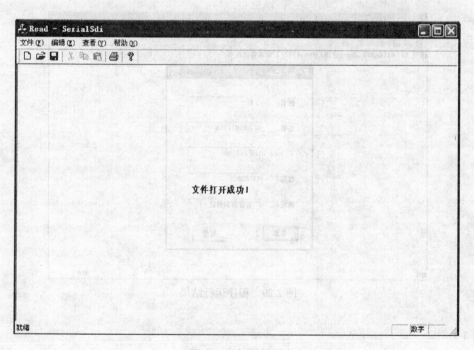

图 2.27　打开效果

（2）在主窗口中显示一文本"这是文本编辑窗口！"。单击"测试"菜单项，弹出一个对话框，通过此对话框可改变主窗口中的显示文本内容 。如图 2.28 所示。

（3）创建一个单文档应用程序 Client，执行"客户信息(&L)"菜单下的"录入"菜单，弹出一个对话框，在对话框的编辑框输入有关信息后，单击"录入"按钮，用户输入信息自动添加到文本编辑窗口，程序运行结果如图 2.29 所示。打开"文件"菜单的"保存"，输入保存文件名为"无标题"保存此文件。再次运行程序，打开该文件，可以看到保存的内容。

实验步骤

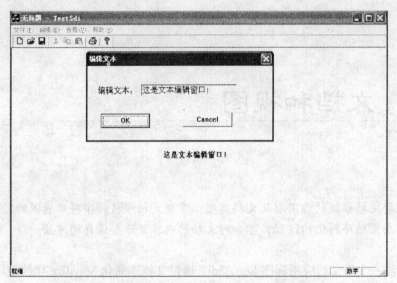

图2.28 程序运行结果

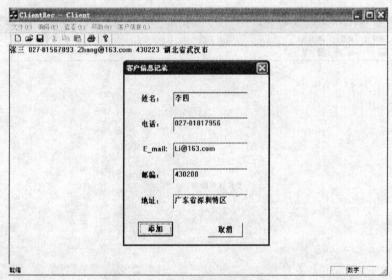

图2.29 程序运行结果

实验（1）

实验步骤如下：

（1）创建一个单文档应用程序 SerialSdi。

① 启动 Visual C++6.0，单击 File 菜单下的 New 命令，打开 New 对话框。

② 在 New 对话框 Projects 标签中，选择 MFC AppWizard(exe)选项，在 Project name 文本框中输入新建的工程名称 SerialSdi，在 Location 文本框中指定该文件的保存位置，然后单击 OK 按钮。

③ 在弹出的"MFC Appwizard-Step 1"对话框中选择应用程序的类型 Single Document(单文档)，其他保持默认设置，单击 Finish 按钮，在弹出的"New Project Information"对话框中，单击 OK 按钮，将自动创建此应用程序。

（2）为 CSerialSdiDoc 类添加成员变量。将项目工作区窗口切换到 ClassView(类视图)页面，用鼠标右键单击 CSerialSdiDoc 类名，从弹出的快捷菜单中选择"Add Member Variable"(添加成员变量)，弹出"Add Member Variable"对话框，输入成员变量类型为 CString，成员变量名称为 m_str，保留默认的访问方式为 Public。成员变量用于保存文档中的数据。

（3）在视图中显示文本。将项目工作区窗口切换到 ClassView 页面，打开 CSerialSdiView 类的 OnDraw 函数，并添加下列代码：

```
void CSerialSdiView::OnDraw(CDC* pDC)
{
    CSerialSdiDoc* pDoc = GetDocument();
    ASSERT_VALID(pDoc);
    pDC->TextOut(300,200,pDoc->m_str);    //在窗口坐标处输出字符串
}
```

（4）为了对数据进行存储和读出，需要重载文档类的 Serialize 函数来完成序列化。重载后的 Serialize 函数的添加代码如下：

```
void CSerialSdiDoc::Serialize(CArchive& ar)
{
    if (ar.IsStoring())
    {
        ar<<m_str;    //保存文档内容
    }
    else
    {
        ar>>m_str;    //读取文档内容
    }
}
```

（5）编译、链接并运行程序。单击"文件"中的"打开"，结果如图 2.30 所示。

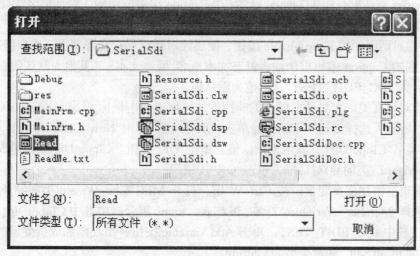

图 2.30　打开文件对话框

实验（2）

实验步骤如下：

（1）创建一个单文档应用程序 TestSdi。

① 启动 Visual C++6.0，单击 File 菜单下的 New 命令，打开 New 对话框。

② 在 New 对话框 Project 标签中，选择 MFC Appwizard(exe)选项，在 Project name 文本框中输入新建的工程名称 TestSdi，在 Location 文本框中指定该文件的保存位置，然后单击 OK 按钮。

③ 在弹出的"MFC Appwizard-Step 1"对话框中选择应用程序的类型 Single Document(单文档)，其他保持默认设置，单击 Finish 按钮，在弹出的 New Project Information 对话框中单击 OK 按钮将自动创建此应用程序。

（2）添加对话框资源。

① 选择"Insert"菜单下"Resource"菜单命令(或按 Ctrl+R)，在弹出的资源列表中选择 Dialog 项。单击 New 按钮，在工作区窗口右侧显示出对话框编辑器。添加一个静态文本框控件和一个编辑框控件，如图 2.31 所示。

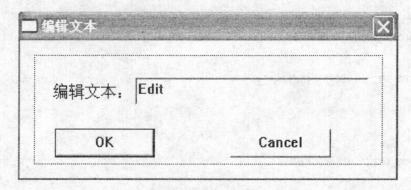

图 2.31 对话框资源

② 设置属性。用鼠标右击对话框模板，从弹出的快捷菜单中选取 Properties 命令。弹出 Dialog Properties 对话框，选中 General 标签，在 Caption 编辑框中输入对话框名"编辑文本"，ID 框中输入 ID 号为"IDD_DIALOG_TEST"。

单击属性对话框中的 Keep Visible 按钮，使属性对话框保存在屏幕上。选中静态文本框，在属性对话框的 Caption 编辑框中输入静态文本框名"编辑文本："，其他为默认值；选中编辑框设置 ID 号为"IDC_EDIT_TEST"，其他为默认值。

③ 创建对话框类。在对话框模板的非控件的区域内双击鼠标，弹出"Adding a Class"对话框如图 2.32 所示，选择创建一个新类。单击"OK"按钮，弹出"New Class"对话框，在 Name 框中输入新类名"CInputDlg"，其他为默认值。单击"OK"按钮。CInputDlg 类创建成功。出现"MFC ClassWizard"(类向导)对话框，单击"OK"按钮。

④ 为编辑框添加成员变量。按 Ctrl+W 键，打开 MFC ClassWizard(类向导)对话框如图 2.33 所示，选择"Member Variables"标签，在 Class name 组合框中选中 CInputDlg，在 Control IDs 列表框中选中 IDC_EDIT_TEST，单击 Add Variable 按钮，出现添加成员变量的对话框，输入变量名为 m_strEdit，变量类型为 CString。

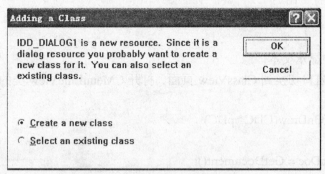

图 2.32 "Adding a Class"对话框

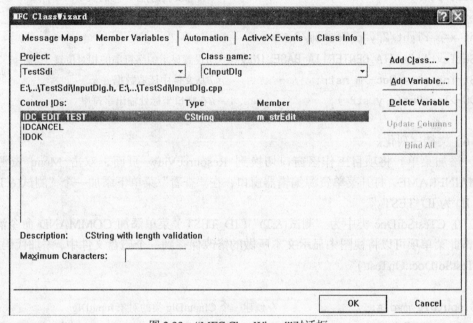

图 2.33 "MFC ClassWizard"对话框

(3) 为 CTestSdiDoc 类添加成员变量。

将项目工作区窗口切换到 ClassView(类视图)页面,用鼠标右键单击 CTestSdiDoc 类名,从弹出的快捷菜单中选择"Add Member Variable(添加成员变量)",弹出"Add Member Variable"对话框,输入成员变量类型为 CString,成员变量名称为 m_nstr,保留默认的访问方式为 Public。成员变量用于保存文档中的数据。

(4) 初始化文档类的数据成员。

将项目工作区窗口切换到 ClassView(类视图)页面,展开 CTestSdiDoc 类,双击函数 OnNewDocument(),在此函数中添加如下代码:

```
BOOL CTestSdiDoc::OnNewDocument()
{
    if (!CDocument::OnNewDocument())
        return FALSE;
    m_nstr=" 这是文本编辑窗口! ";
```

        return TRUE;
}

(5) 在视图中显示文本。

将项目工作区窗口切换到 ClassView 页面，打开 CMenuLineView 类的 OnDraw 函数，并添加下列代码：

```
void CTestSdiView::OnDraw(CDC* pDC)
{
    CTestSdiDoc* pDoc = GetDocument();
    ASSERT_VALID(pDoc);
    CRect p;                                    // 获取当前客户区的大小
    GetClientRect(&p);                          // 获取当前客户区的指针
    int x=p.right/2,y=p.bottom/2;
    pDC->SetTextAlign(TA_CENTER|TA_BASELINE);   //设置显示的字符串的相对位置
    CString str=pDoc->m_nstr;                   //从文件中读取数据
    pDC->TextOut(x,y,str );                     //在窗口坐标处输出字符串
}
```

(6) 文档序列化。

① 添加菜单。将项目工作区窗口切换到 ResourceView 页面，双击 Menu 资源下的 IDR_MAINFRAME，打开菜单资源编辑器窗口，在"查看"菜单下添加一个"测试(&T)"菜单项，ID 为 ID_TEST。

② 在 CTestSdiDoc 类中为"测试(&T)"（ID_TEST）菜单添加 COMMAND 命令消息函数。单击此菜单项可以将视图中显示文本所做的修改保存到一个磁盘文件中，添加代码如下：

```
void CTestSdiDoc::OnTest()
{
    CInputDlg mydlg;                //创建一个 CInputDlg 类的对象 inputDlg
    mydlg.m_strEdit=m_nstr;
    int id=mydlg.DoModal();
    if(id==IDOK)                    //显示对话框
    {
        m_nstr=mydlg.m_strEdit;     //获取输入的字符串
        UpdateAllViews(NULL);       //更新视图
    }
}
```

③ 在 CTestSdiDoc.cpp 文件中加入 CInputDlg 类的头文件 InputDlg.h，代码如下：
`#include "InputDlg.h"`

④ 为了把修改数据保存到磁盘文件中，并在需要时可以打开所保存的磁盘文件，需要重载文档类的 Serialize 函数来完成序列化。重载后的 Serialize 函数的添加代码如下：

```
void CTestSdiDoc::Serialize(CArchive& ar)
{
    if (ar.IsStoring())
```

```
        {
            ar<<m_nstr;                 //保存文档内容
        }
        else
        {
            ar>>m_nstr;                 //读取文档内容
        }
}
```

（7）修改文档的字符串资源，设置文档类型。

将项目工作区窗口切换到 ResourceView(资源视图)页面，打开 String Table 资源，将文档模板字符串资源 IDR_MAINFRAMEM 内容修改为：
TestSdi\nTestStr\nTestSd\文本文件(*.txt)\n.txt\nTestSdi.Document\nTestSd Document

（8）编译、链接并运行程序。

弹出文本编辑窗口，显示初始化文本"这是文本编辑窗口！"，执行"查看"菜单下的"测试(&T)"菜单，弹出一个对话框，程序运行结果如图 2.28 所示。

在对话框的编辑框输入一串字符"武汉科技大学中南分校"，会自动添加到文本编辑窗口，单击"文件"菜单的"保存"，输入保存文件名为 Test.txt，保存此文件，然后打开如图 2.34 所示的对话框。再次运行程序，打开"文件"菜单中的"打开"，可以看到保存的内容。

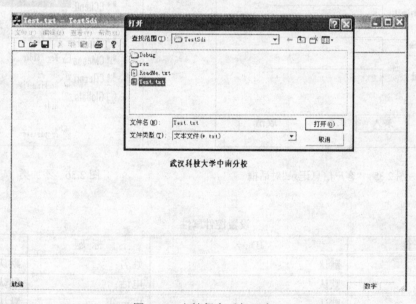

图 2.34 文档保存后打开窗口

实验（3）

实验步骤如下：

（1）利用 MFC AppWizard 应用程序向导生成单文档应用程序 Client。

（2）添加对话框资源。

① 向应用程序添加一个对话框资源，打开属性对话框设置标题为"客户信息记录"，ID 号为默认值 IDD_DIALOG1，将 OK 和 Cancel 按钮的标题分别改为"录入"和"取消"，其

他为默认值。

② 为对话框添加如图 2.35 所示的控件。控件的属性设置如表 2.1 所示。

③ 双击对话框模板空白区域或按 Ctrl+W，创建一个对话框新类 CRecordDlg。

④ 按 Ctrl+W 打开 ClassWizard 对话框，选中 Member Variable 标签，在 Class name 组合框中选中 CRecordDlg，在 Control IDs 列表框中选中所需控件的 ID，双击控件的 ID 或单击 Add Variable 按钮，为控件添加成员变量，关联控件的成员变量如表 2.2 所示。

（3）创建 CMessage 类实现序列化。

① 添加类 CMessage，如图 2.36 所示，将项目工作区窗口切换到 ClassView 页面，选中 Client classes 单击鼠标右键弹出快捷菜单，选中"New Class"，弹出添加新类的对话框，如图 2.37 所示。在 Class type 框中选择"Generic Class"；在 Name 框中输入添加新类名为 CMessage；在 Derived From 框输入 CObject，单击 OK 按钮，新类添加完成。序列化的类必须是 CObject 的一个派生类。

图 2.35 "客户信息记录"对话框

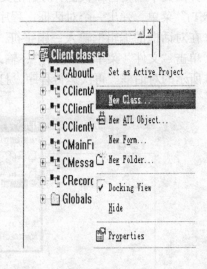

图 2.36 添加类

表 2.1　　　　　　　　　　　　设置控件属性

控 件	ID 号	标 题	属 性
静态控件	默认	姓名：	默认
静态控件	默认	电话：	默认
静态控件	默认	E_mail:	默认
静态控件	默认	邮编：	默认
静态控件	默认	地址：	默认
编辑框	DC_EDIT_NAME	—	默认
编辑框	IDC_EDIT_TELEPHONE	—	默认
编辑框	IDC_EDIT_MAIL	—	默认
编辑框	IDC_EDIT_ZIP	—	默认
编辑框	IDC_EDIT_ADDRESS	—	默认

表 2.2 关联控件的成员变量

控件 ID 号	变量类型	变量名	范围和大小
DC_EDIT_NAME	CString	m_strName	10
IDC_EDIT_TELEPHONE	CString	m_strTele	20
IDC_EDIT_MAIL	CString	m_strMail	50
IDC_EDIT_ZIP	CString	m_strZip	10
IDC_EDIT_ADDRESS	CString	m_strAddress	50

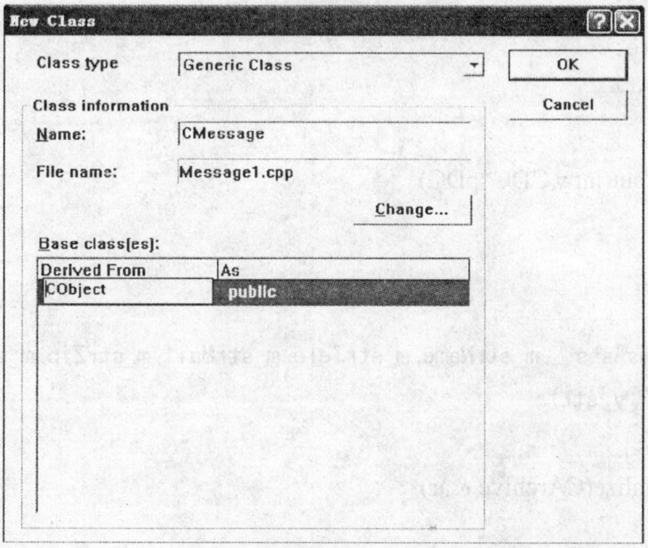

图 2.37 新类对话框

② 打开 CMessage.h 头文件，在类声明中添加数据成员和成员函数的声明。具体如下：

```
class CMessage : public CObject
{
    DECLARE_SERIAL(CMessage)       //声明序列化类 CMessage
public:
    Cstring m_strName;             //姓名
    CString m_strTele;             //电话
    CString m_strMail;             //E_mail
    CString m_strZip;              //邮编
    CString m_strAddress;          //地址
    CMessage(CString   Name,CString   Tele,CString   Mail,CString  Zip,CString Address);
    virtual void Serialize(CArchive &ar);   //类 CMessage 序列化函数
    void Output(int y,CDC*pDC);
    CMessage();
    virtual ~CMessage();
```

};

③ 打开 Message.cpp 文件，完成函数体代码的添加。具体如下：

```cpp
IMPLEMENT_SERIAL(CMessage, CObject, 1)//实现序列化类
CMessage::CMessage(CString Name, CString Tele, CString Mail, CStringZip, CString Address)
{
    m_strAddress=Address;
    m_strMail=Mail;
    m_strName=Name;
    m_strTele=Tele;
    m_strZip=Zip;
}
void CMessage::Output(int y,CDC*pDC)
{
    CString str;
    str.Format("%s%s%s%s%s",m_strName,m_strTele,m_strMail,m_strZip,m_strAddress);
    pDC->TextOut(0,y,str);
}
void CMessage::Serialize(CArchive &ar)
{
    if(ar.IsStoring())
      ar<<m_strName<<m_strTele<<m_strMail<<m_strZip<<m_strAddress;
    else
      ar>>m_strName>>m_strTele>>m_strMail>>m_strZip>>m_strAddress;
}
```

注意：在 Message.cpp 文件的头部，应包含：
`#include "Message.h"`

（4）设计文档类

① 打开 ClientDoc.h 头文件，在 ClientDoc 类中加入数据成员和成员函数的定义：

```cpp
class CClientDoc : public CDocument
{
    …
  protected:
    CTypedPtrArray<CObArray,CMessage*> m_ObArray;//存入记录对象指针的动态数组,CObArray 是集合类支持序列化,为读取和保存存储在 CObject 对象通过集合类对象引用文档数据
// Attributes
  public:
```

```
    int GetNum();                          //获取记录总数
    CMessage *GetMessAt(int nIndex);       //获取 nIndex 所指记录指针
// Operations
...
}
```
注意：在 ClientDoc.h 头文件的头部加入：
```
#include " Message.h "
#include<afxtempl.h>     //使用 MFC 类模板
```
② 打开 ClientDoc.cpp 头文件，完成函数体代码的添加。具体如下：
```
int CClientDoc::GetNum(void)
{
    return m_ObArray.GetSize();  //GetSize()返回数组中元素个数
}
CMessage* CClientDoc::GetMessAt(int nIndex)
{ // GetUpperBound()返回最大索引值
if((nIndex<0)||nIndex>m_ObArray.GetUpperBound())
          return 0;    //超界处理
return(CMessage*)m_ObArray.GetAt(nIndex);//GetAt()返回一个对象指针
}
```
③ 清空文档类的数据成员。在项目工具区中右击 CClientDoc，在弹出菜单中选择 Add Virtual Function 菜单项，在弹出的对话框中选中 DeleteContents，单击 Add and Edit 按钮，光标自动定位在该函数体内，添加代码如下：
```
void CClientDoc::DeleteContents()
{
    int nIndex=GetNum();
    while(nIndex--)
       delete m_ObArray.GetAt(nIndex);
    m_ObArray.RemoveAll();//释放指针数组
    CDocument::DeleteContents();
}
```
④ 进行序列化操作，在 CClientDoc 类的 Serialize 函数中添加下列代码：
```
void CClientDoc::Serialize(CArchive& ar)
{
    if (ar.IsStoring())
    {
       m_ObArray.Serialize(ar);
    }
    else
```

```
    {
        m_ObArray.Serialize(ar);
    }
}
```

（5）添加菜单项

① 添加主菜单"客户信息(&L)"，在该菜单下添加子菜单"录入(&A)"ID 为 ID_CLIENT_ADD。

② 为 CClientDoc 类添加"录入(&A)"（ID_CLIENT_ADD）菜单 COMMAND 消息函数，并添加代码如下：

```
void CClientDoc::OnClientAdd()
{
    CRecordDlg dlg;
    Int id=dlg.DoModal();
    if(IDOK==id)
    {            //增加记录
        CMessage*pMessage=new CMessage(dlg.m_strName,dlg.m_strTele,dlg.m_strMail,dlg.m_strZip,dlg.m_strAddress);
        m_ObArray.Add(pMessage);
        SetModifiedFlag();      //设置文档更改标志
        UpdateAllViews(NULL);//更新视图
    }
}
```

注意：在 ClientDoc.cpp 文件的头部加入：
`#include "RecordDlg.h"`

（6）在 CClientView::OnDraw 函数中添加代码如下：

```
void CClientView::OnDraw(CDC* pDC)
{
    CClientDoc* pDoc = GetDocument();
    ASSERT_VALID(pDoc);
    int y=0;
    int nIndex=pDoc->GetNum();
    while(nIndex--)    //输出记录
    {
        pDoc->GetMessAt(nIndex)->Output(y,pDC);
        y+=20;
    }
}
```

（7）设置文档类型。将项目工作区窗口切换到 ResourceView(资源视图)页面，打开 String Table 资源，将文档模板字符串资源 IDR_MAINFRAMEM 内容修改为：
Client\nClientRec\nClient\n记录文件(*.rec)\n\nClient.Document\nClient Document

（8）编译运行程序。执行"客户信息(&L)"菜单下的"录入"菜单，弹出一个对话框，在对话框的编辑框输入有关信息后，单击"录入"按钮，用户输入信息自动添加到文本编辑窗口，程序运行结果如图 2.29 所示。打开"文件"菜单的"保存"，输入保存文件名为"无标题"保存此文件。再次运行程序，打开该文件，可以看到保存的内容。

实验11　菜单、工具栏和状态栏

目的要求

（1）熟悉使用菜单资源编辑器的操作方法。
（2）掌握菜单命令消息、快捷键和加速键的方法。
（3）掌握弹出式菜单添加的方法。
（4）熟悉使用工具栏编辑器操作方法及工具栏和菜单项的关联。
（5）掌握菜单、工具按钮及状态栏窗格的程序控制。

实验内容

（1）创建一个工程 MenuLine，增加一个顶层菜单"画直线"，下面设两个子菜单项："线段增加"和"线段减少"；在原有工具栏上为这两个菜单项添加工具按钮；同时在新增加的工具栏上为这两个菜单项添加按钮及其他按钮；要求菜单项有快捷键、状态栏和工具栏均有提示信息，菜单与工具栏能实现动态更新，并有弹出式菜单。

（2）创建一个单文档应用程序 ContextMenu，为程序的主菜单"编辑"菜单添加弹出式的菜单。

（3）创建一个单文档应用程序 TimeMouse，在状态栏上显示鼠标坐标和显示系统时间。程序运行结果如图 2.38 所示。

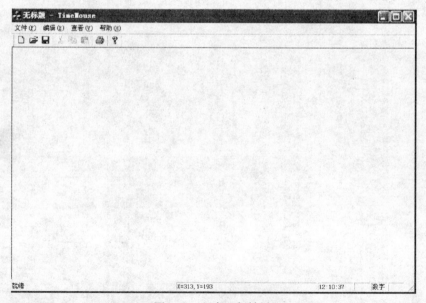

图 2.38　程序运行结果

实验步骤

实验（1）

实验步骤如下：

（1）创建一个单文档应用程序 MenuLine。

① 启动 Visual C++6.0，单击 File 菜单下的 New 命令；打开 New 对话框。

② 在 New 对话框 Projects 标签中，选择 MFC AppWizard(exe)选项，在 Project name 文本框中输入新建的工程名称 MenuLine，在 Location 文本框中指定该文件的保存位置，然后单击 OK 按钮。

③ 在弹出的"MFC Appwizard-Step 1"对话框中选择应用程序的类型 Single Document(单文档)，其他保持默认设置，单击 Finish 按钮，在弹出的"New Project Information"对话框中单击 OK 按钮将自动创建此应用程序。

（2）添加主菜单。

① 将项目工作区窗口切换到 ResourceView 页面，双击 Menu 资源下的 IDR_MAINFRAME，打开菜单资源编辑器窗口，双击如图 2.39 所示的菜单栏右侧的虚线空白框，弹出"Menu Item Properties"对话框，选中 General 标签，在 Caption 编辑框中输入主菜单名"画直线(&L)"，字符&表示显示 L 时，加下划线，Alt+L 为该菜单项的快捷键(shortcut key)，同时按下 Alt 键和 L 字母可以快速打开该菜单项。选中 Pop-up 复选框，表明"画直线"菜单是一个弹出式主菜单，它负责打开下一层的子菜单项，不执行具体的菜单项命令，没有 ID 号，ID 组合框呈灰色显示。

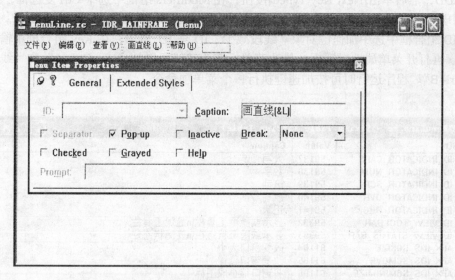

图 2.39 菜单资源编辑器窗口及属性对话框

② 单击 Menu Item Properties 对话框中的 Keep Visible 按钮，使对话框保存在屏幕上，单击"画直线"菜单下一层的空白菜单项，在"Menu Item Properties"对话框中的 Caption 编辑框中输入"线段增加（&A）"，然后在 ID 组合中输入"ID_ADD"，在"Prompt"框中输入状态栏提示信息"增加线段"，当鼠标放在该菜单时会显示此信息。按同样方法再添加"线段减少（&S）"菜单项，ID 号为"ID_SUB"，状态栏提示信息"减少线段"，如图 2.40 所示。移动菜单，用鼠标左键按住菜单项"画直线"拖到"帮助"菜单前面，可以实现移动。

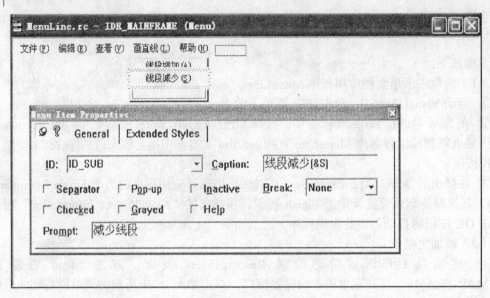

图 2.40 添加菜单

(3) 为菜单定义快捷键。

将工作区窗口切换到 ResourceView 页面，双击 Accelerator 资源下 IDR_MAINFRAME 打开加速键编辑表，如图 2.41 所示。双击加速键列表最后一空行，弹出 Accel Properties（加速键属性）对话框，设置 ID_ADD 的加速键。在 ID 组合框中选中加速键对象“线段增加”ID 号 ID_ADD，然后单击[Next Key Typed]按钮，在 Modifiers 组框中选中 Ctrl 复选框，在 Type 分组框中选中 VirtKey 单选按钮，在 Key 组合框中输入字母键值 A，如图 2.42 所示。用同样方法在 ID 组合框中选中加速键对象“线段减少”ID 号 ID_SUB，在 Key 组合框中输入字母键值 B。再打开菜单属性对话框，修改菜单标题为“线段增加(&A)\tCtrl+A”和“线段减少(&S)\tCtrl+B”。程序运行时可按加速键执行一个菜单项命令。

MenuLine.rc - String Table (String Table)

ID	Value	Caption
ID_INDICATOR_CAPS	59137	大写
ID_INDICATOR_NUM	59138	数字
ID_INDICATOR_SCRL	59139	滚动
ID_INDICATOR_OVR	59140	改写
ID_INDICATOR_REC	59141	记录
ID_VIEW_TOOLBAR	59392	显示或隐藏工具栏\n显隐工具栏
ID_VIEW_STATUS_BAR	59393	显示或隐藏状态栏\n显隐状态栏
AFX_IDS_SCSIZE	61184	改变窗口大小
AFX_IDS_SCMOVE	61185	改变窗口位置
AFX_IDS_SCMINIMIZE	61186	将窗口缩小成图标
AFX_IDS_SCMAXIMIZE	61187	把窗口放大到最大尺寸
AFX_IDS_SCNEXTWINDOV	61188	切换到下一个文档窗口
AFX_IDS_SCPREVWINDOV	61189	切换到先前的文档窗口
AFX_IDS_SCCLOSE	61190	关闭活动的窗口并提示保存所有文档
AFX_IDS_SCRESTORE	61202	把窗口恢复到正常大小
AFX_IDS_SCTASKLIST	61203	激活任务表
AFX_IDS_PREVIEW_CLOS	61445	关闭打印预览模式\n取消预阅
ID_LINEPOSITION	61446	线段数量

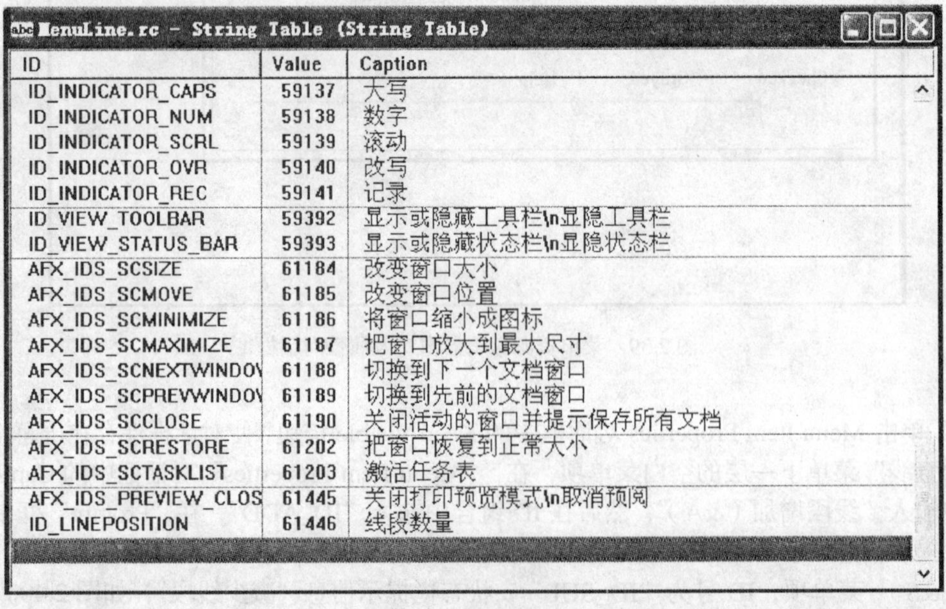

图 2.41 加速键编辑表

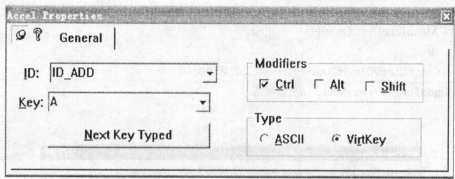

图 2.42 Accel Properties 对话框

（4）为菜单添加命令处理函数。

① 将项目工作区窗口切换到 ClassView 页面，选中 CMenuLineDoc 类单击鼠标右键选择 "Add Member Variable"打开添加变量对话框，在此对话框中添加一个变量类型为 int，变量名为 m_nLine,属性为 public。然后双击 CMenuLineDoc 类下面的构造函数 CMenuLineDoc() 初始化变量化，添加代码如下：

```
CMenuLineDoc::CMenuLineDoc()
{
    m_nLine=0;//初始化变量
}
```

② 在视图中画直线。将项目工作区窗口切换到 ClassView 页面，打开 CMenuLineView 类的 OnDraw 函数，并添加下列代码：

```
void CMenuLineView::OnDraw(CDC* pDC)
{
// TODO: add draw code for native data here
for(int i=0;i<pDoc->m_nLine;i++)
{
    pDC->MoveTo(200,350-20*i);    //设置当前画笔的位置
    pDC->LineTo(500,350-20*i);    //画一条横线
}
}
```

③ 按 Ctrl+W 键，打开 MFC ClassWizard(类向导)对话框，如图 2.43 所示，在 Class name 组合框中选中 CMenuLineDoc，在 Object IDs 列表框中选中 ID_ADD，在 Messages 列表框中选中 COMMAND 消息，单击 Add Function 按钮，出现添加消息函数对话框，使用默认函数名 OnAdd，单击 OK 按钮。然后单击 Edit Code 按钮，ClassWizard 自动添加消息函数体框架并将光标定位在该函数体内。用同样方法为"线段减少"（ID_SUB）添加 COMMAND 命令消息函数。两个函数添加代码如下：

```
void CMenuLineDoc::OnAdd()
{
    m_nLine++;          //线段数量增加
    UpdateAllViews(NULL);   //更新视图
```

}
void CMenuLineDoc::OnSub()
{
    if(m_nLine>0)m_nLine--;   //线段数量增加
    UpdateAllViews(NULL);//更新视图
}

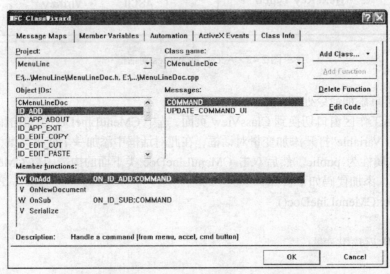

图 2.43　MFC ClassWizard(类向导)对话框消息映射函数

④ 编译、链接并运行程序。执行"画直线"菜单下的"线段增加"和"线段减少"菜单或者按加速键 Ctrl+A 和 Ctrl+B，程序运行结果如图 2.44 所示。

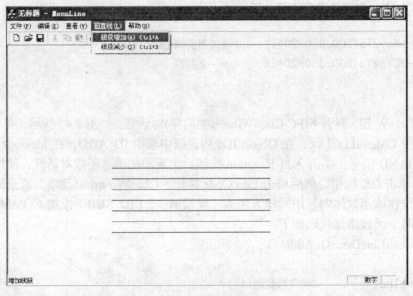

图 2.44　程序运行结果

（5）为菜单增加快捷菜单。

为"画直线"菜单添加快捷菜单。具体操作步骤如下：

① 将工作区窗口切换到 ResourceView 页面，右键单击 Menu 菜单资源，在弹出的快捷菜单中选择"Insert Menu"，弹出默认的 IDR_MENU1 菜单资源编辑器窗口，如图 2.45 所示。或按 Ctrl+R 组合键,向应用程序添加一个新的菜单资源(默认的 ID 号为 IDR_MENU1)。

② 双击空菜单项，为菜单资源中的主菜单加一个任意标题(实际上该标题无用)，直接回车，在菜单下面多了一个空白的菜单项。依次添加如表 2.3 所示的菜单项。

表 2.3　　　　　　　　　　　　　　　菜单属性

③ 按 Ctrl+W 快捷键打开 ClassWizard 对话框，将出现一个添加类的对话框,询问是"选择一个已存在的类"还是"创建一个新类"，选择"选择一个已存在的类"项并选定 CMainFrame 类。

④ 按 Ctrl+W 快捷键打开 ClassWizard 对话框,在 Class name 组合框中选中 CMainFrame, 在 Object IDs 列表框中选中 CMainFrame，在 Messages 列表框中选中 WM_CONTEXTMENU 消息，单击 Add Function 按钮，出现添加消息函数对话框，使用默认函数名，单击 OK 按钮。然后单击 Edit Code 按钮，ClassWizard 自动添加消息函数体框架并将光标定位在该函数体内。函数添加代码如下：

```
void CMainFrame ::OnContextMenu(CWnd* pWnd, CPoint point)
{
    CMenu menu ;
    menu.LoadMenu(IDR_MENU1) ;
    menu.GetSubMenu(0)->TrackPopupMenu(TPM_LEFTALIGN|TPM_RIGHTBUTTON,point.x,point.y,this) ;
}
```

⑤ 编译、链接并运行程序。在应用程序客户区中单击鼠标右键，弹出如图 2.46 所示的快捷菜单。若用户选中"线段增加"或"线段减少"菜单命令，会执行相应的代码。

（6）为菜单添加工具按钮。

① 将项目工作区窗口切换到 Resource View 页面，双击 Toolbar 资源下的 IDR_MAINFRAME 打开工具栏编辑器。同时在旁边还自动弹出了一个画图工具栏和颜色工具栏。如图 2.47 所示。

② 使用画笔工具在最后一个空白按钮上画一个红色"+"按钮，表示画线，这时候在它

的旁边又多出来一个空白按钮。再使用画线工具在空白按钮上画一条红色的线段"—"按钮，表示此按钮对应于删除线段功能。

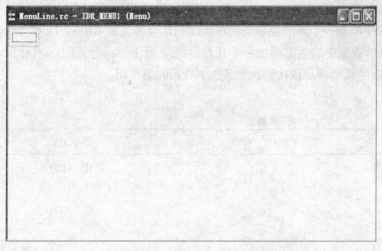

图 2.45 IDR_MENU1 菜单资源编辑器窗口

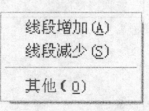

图 2.46 快捷菜单

工具栏按钮的操作说明：
删除按钮：按住工具栏上想要删除的按钮，然后拖到下面的空白区域释放即可。
调整按钮位置：拖动按钮到新的位置释放鼠标即可。
增加分隔线：拖动按钮右移一点点距离释放。
去掉分隔线：拖动按钮左移一点点距离释放。

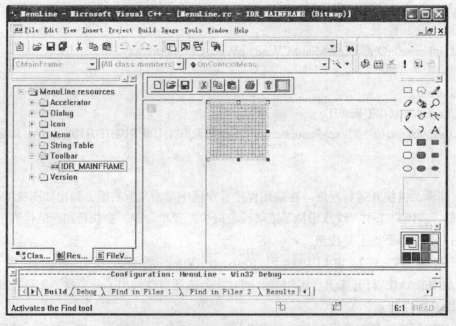

图 2.47 工具栏编辑器

③ 设置工具栏按钮属性。双击按钮，在弹出的"属性"对话框的 ID 文本框中选中与关联菜单相同的 ID，因为每个工具栏按钮都对应某个菜单项，为了和菜单相关联，应该给这个按钮指定与关联菜单相同的 ID。

"+"按钮对应"ID_ADD"菜单，"−"按钮对应"ID_SUB"菜单。

说明：

"属性"对话框中 Width 和 Height 分别表示按钮的宽度和高度，可通过它们改变按钮的大小。

Prompt 提示信息被'\n'分为前后两部分，'\n'之前的内容将在状态栏中提示，'\n'之后的内容将在鼠标移动到按钮上时出现。

编译链接运行，结果如图 2.48 所示。用工具按钮进行相关操作与菜单功能相同。

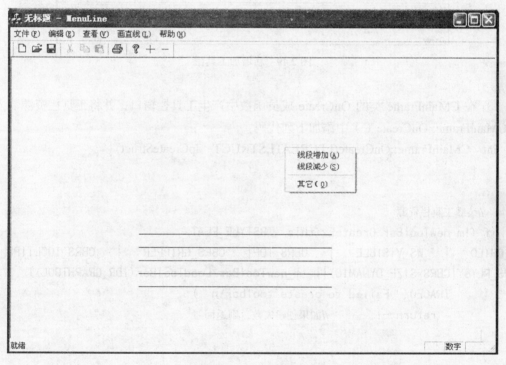

图 2.48　程序运行结果

（7）添加工具栏。

①添加工具栏资源。将工作区窗口切换到 ResourceView 页面，选中 Toolbar 选项下的 IDR_MAINFRAME 复制该资源。修改资源 ID 号为 IDR_NEWTOOLBAR。删除不需要的工具按钮。如图 2.49 所示。

② 在 CMainFrame 类中有一个名为 m_wndToolBar 的成员变量，它对应的就是标准工具栏。仿照此，在 CMainFrame 类的头文件 MainFrm.h 中声明一个新的 CToolBar 类的对象（紧随 m_wndToolBar 声明之后）：

    CToolBar   m_newToolBar ;   //产生图形工具栏

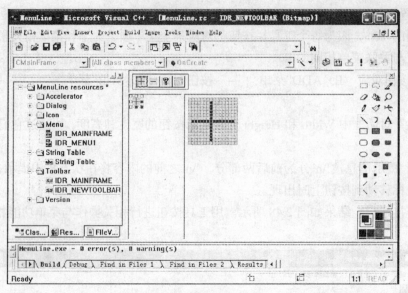

图 2.49 新增加工具栏

③ 在 CMainFrame 类的 OnCreate 成员函数中产生工具栏窗口，并将工具栏资源装入，在 CMainFrame::OnCreate（）中添加下列代码：

```
int    CMainFrame::OnCreate(LPCREATESTRUCT   lpCreateStruct)
    {
...
    //装载工具栏资源
    if (!m_newToolBar.CreateEx(this, TBSTYLE_FLAT,
WS_CHILD  |  WS_VISIBLE  |  CBRS_TOP|  CBRS_GRIPPER  |  CBRS_TOOLTIPS  |
CBRS_FLYBY|CBRS_SIZE_DYNAMIC)|| !m_newToolBar.LoadToolBar(IDR_GRAPHTOOL))
    {    TRACE0("Failed to create toolbar\n");
          return -1;         //如果创建失败，则返回-1
    }
...
    return 0;
}
```

④ 停靠工具栏在主框架窗口上。在 OnCreate 函数中添加如下代码：

```
int   CMainFrame::OnCreate(LPCREATESTRUCT   lpCreateStruct)
   {
     ...
   m_newToolBar.EnableDocking(CBRS_ALIGN_ANY);    //使工具栏可停靠
   DockControlBar(&m_newToolBar); //停靠新工具栏在主框架窗口上
      return 0;
   }
```

⑤ 显示/隐藏工具栏。

在"查看"菜单下新增加一个菜单项"绘图工具栏(&G)",ID 号为 ID_GRAPHTOOL。

Prompt 为 "显示或隐藏绘图工具栏\n 显隐工具栏"。

为"绘图工具栏(&G)" 菜单添加 COMMAND 命令消息处理,按 Ctrl+W 打开 ClassWizard 对话框, 选择 Message Maps 选项卡,在 Project 下拉列表框中选择 MenuLine;在 Class name 下拉列表框中选择 CMainFrame;在 Object IDs 下拉列表框中选择 ID_GRAPHTOOL;在 Messages 列表框中双击 COMMAND 命令,默认的成员函数名:OnGraphtool(),在 OnGraphtool 函数中修改代码如下:

```
void    CMainFrame::OnGraphtool()
{
//显示隐藏工具栏
ShowControlBar(&m_newToolBar,!m_newToolBar.IsWindowVisible(),FALSE);
}
```

添加更新用户界面的消息处理(UPDATE_COMMAND_UI),按 Ctrl+W 打开 ClassWizard 对话框,在 Project 下拉列表框中选择 MenuLine;在 Class name 下拉列表框中选择 CMainFrame;在 Object IDs 下拉列表框中选择 ID_GRAPHTOOL;在 Messages 列表框中双击 UPDATE_COMMAND_UI 命令,默认的成员函数名:OnUPDATEViewGraphtool()。

```
void CMainFrame::OnUpdateGraphtool(CCmdUI* pCmdUI)
{
//根据工具栏的显示状态设置菜单项是否有选中标志
pCmdUI->SetCheck(m_newToolBar.IsWindowVisible());
}
```

⑥ 编译、链接、运行程序,结果如图 2.50 所示。打开"查看"菜单选中 "绘图工具栏(&G)" 菜单前面有一个"√",新工具栏被显示,再次单击"绘图工具栏(&G)" 菜单,新工具栏隐藏。这就是菜单和工具栏的动态更新效果。

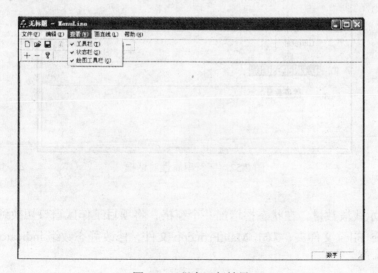

图 2.50　程序运行结果

(8) 在状态栏显示线段的数量。

① 将项目工作区窗口切换到 ResourceView(资源视图)页面，双击 String Table，打开字符串资源编辑表，如图 2.51 所示。

图 2.51　字符串编辑表

② 双击字符串编辑表的最后一空白编辑行，弹出 String Properties(字符串属性)对话框。在字符串属性对话框中，添加新的字符串资源 ID_LINEPOSITION，在 Caption 栏输入"线段数量"，如图 2.52 所示。

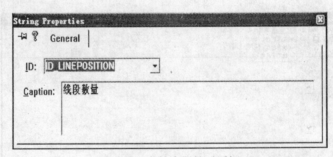

图 2.52　字符串属性对话框

③ 为了显示线段数量，在状态栏增加一个窗格，将项目工作区窗口切换到 File View 页面，打开 Source Files 文件夹，双击 MainFrm.cpp 文件，修改静态数组 indicators，添加代码如下：

static UINT indicators[] =

```
{
ID_SEPARATOR,              // status line indicator
ID_LINEPOSITION,           //显示线段数量
ID_INDICATOR_CAPS,
ID_INDICATOR_NUM,
ID_INDICATOR_SCRL,
};
```

④ 在状态栏窗格中显示线段数量,将项目工作区窗口切换到 ClassView 页面,打开 CMenuLineView 类的 OnDraw 函数,并添加下列代码:

```
void CMenuLineView::OnDraw(CDC* pDC)
{
    …
//获得主窗口状态栏指针
CStatusBar*pStatus=(CStatusBar* )AfxGetApp()->m_pMainWnd->GetDescendantWindow(ID_VIEW_STATUS_BAR);
CString strLine;
strLine.Format("线段:%d",pDoc->m_nLine);     //设置显示信息的格式
pStatus->SetPaneText(1,strLine);              //在第1个窗格显示数量
}
```

⑤ 编译,链接,运行程序,结果如图 2.53 所示。执行"线段增加"或"线段减少"菜单或工具按钮命令,在状态栏窗格中会显示相应信息。

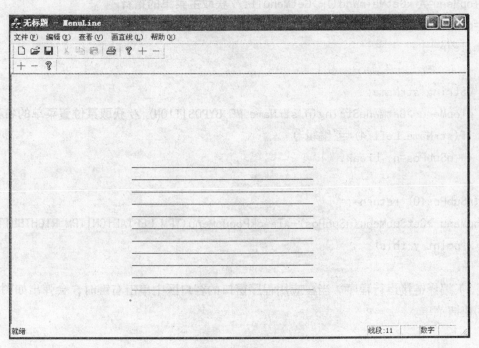

图 2.53　程序运行结果

实验（2）

实验步骤如下：

（1）利用 MFC AppWizard 应用程序向导创建单文档应用程序框架，项目名称为 ContextMenu。

① 启动 Visual C++6.0，单击 File 菜单下的 New 命令；打开 New 对话框。

② 在 New 对话框 Projects 标签中，选择 MFC AppWizard(exe)选项，在 Project name 文本框中输入新建的工程名称 ContextMenu，在 Location 文本框中指定该文件的保存位置，然后单击 OK 按钮。

③ 在弹出的 MFC Appwizard-Step 1 对话框中选择应用程序的类型 Single Document(单文档)，其他保持默认设置，单击 Finish 按钮，在弹出的 New Project Information 对话框中单击 OK 按钮将自动创建此应用程序。

（2）按 Ctrl+W 键，打开 MFC ClassWizard(类向导)对话框，在 Class name 组合框中选中 CContextMenuView，在 Object IDs 列表框中选中 CContextMenuView，在 Messages 列表框中选中 WM_CONTEXTMENU 消息，双击该消息，出现添加消息函数对话框，使用默认函数名，单击 OK 按钮。然后单击 Edit Code 按钮，ClassWizard 自动添加消息函数体框架并将光标定位在该函数体内。在函数中添加代码如下：

```
void CContextMenuView::OnContextMenu(CWnd* pWnd, CPoint point)
{
    CMenu*pTopMenu;
    int n,nSubPos=-1;
    pTopMenu=AfxGetMainWnd()->GetMenu();//获取主菜单的指针
    n=pTopMenu->GetMenuItemCount();      //获取主菜单的总数
    while(n--)
    {
      CString strName;
      pTopMenu->GetMenuString(n,strName,MF_BYPOSITION);//获取某位置菜单的名称
      if(strName.Left(4)=="编辑")
      {  nSubPos=n; break;  }
    }
    if(nSubPos<0) return ;
    pTopMenu->GetSubMenu(nSubPos)->TrackPopupMenu(TPM_LEFTALIGN|TPM_RIGHTBUTTON,
point.x,point.y,this);
}
```

（3）编译链接运行程序。当在应用程序窗口的客户区中单击右键时，会弹出如图 2.54 所示的快捷菜单。

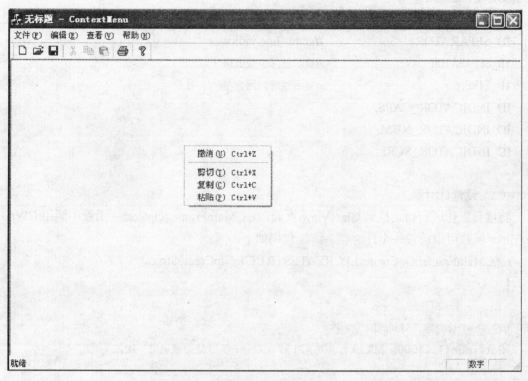

图 2.54 快捷菜单

实验（3）

实验步骤如下：

（1）利用 MFC AppWizard 应用程序向导创建单文档应用程序框架，项目名称为 TimeMouse。

① 启动 Visual C++6.0，单击 File 菜单下的 New 命令；打开 New 对话框。

② 在 New 对话框 Projects 标签中，选择 MFC Appwizard(exe)选项；在 Project name 文本框中输入新建的工程名称 TimeMouse，在 Location 文本框中指定该文件的保存位置，然后单击 OK 按钮。

③ 在弹出的 MFC Appwizard-Step 1 对话框中选择应用程序的类型 Single Document(单文档)，其他保持默认设置，单击 Finish 按钮，在弹出的 New Project Information 对话框中单击 OK 按钮将自动创建此应用程序。

（2）为程序的状态栏增加一个显示系统时间和显示鼠标坐标窗格。

① 将项目工作区窗口切换到 ResourceView(资源视图)页面，双击 String Table，打开字符串资源编辑表，双击字符串编辑表的最后一空白编辑行，弹出 String Properties（字符串属性）对话框。在字符串属性对话框中，添加新的字符串资源 ID 号为 ID_TIME，在 Caption 栏输入"00：00：00"。

② 将项目工作区窗口切换到 File View 页面，打开 Source Files 文件夹，双击 MainFrm.cpp 文件，修改静态数组 indicators，添加代码如下：

```
static UINT indicators[] =
{
    ID_SEPARATOR,              //status line indicator
    ID_SEPARATOR,              //显示鼠标位置窗格
    ID_TIME,                   //显示系统时间窗格
    ID_INDICATOR_CAPS,
    ID_INDICATOR_NUM,
    ID_INDICATOR_SCRL,
};
```

（3）设置计时器。

将项目工作区窗口切换到 ClassView 页面，在 CMainFrame::OnCreate 函数中调用 CWnd::SetTimer 函数可以设置一个计时器，添加代码如下：

```
int CMainFrame::OnCreate(LPCREATESTRUCT    lpCreateStruct)
{
  …
//设置一个计时器，时间间隔为 1 秒
    SetTimer(1, 1000, NULL);  //每隔 1 秒 OnTimer 函数就会被调用一次。
}
```

（4）处理 WM_TIMER 消息。

按 Ctrl+W 快捷键打开 ClassWizard 对话框，在 Class name 组合框中选中 CMainFrame，在 Object IDs 列表框中选中 CMainFrame，在 Messages 列表框中选中 WM_TIMER 消息，单击 Add Function 按钮，出现添加消息函数对话框，使用默认函数名 OnTimer，单击 OK 按钮。然后单击 Edit Code 按钮，ClassWizard 自动添加消息函数体框架并将光标定位在该函数体内。函数添加代码如下：

```
void CMainFrame::OnTimer(UINT nIDEvent)
{
    CTime time;  //构造一个 CTime 对象
    time = CTime::GetCurrentTime();    //获取当前的系统时间
    CString str = time.Format("%H:%M:%S");  //将时间写入字符串
m_wndStatusBar.SetPaneText(m_wndStatusBar.CommandToIndex(ID_TIME),str);
    CFrameWnd::OnTimer(nIDEvent);
}
```

（5）释放计时器。

使用完计时器之后，应该在关闭主框架窗口时关闭计时器。按 Ctrl+W 快捷键打开 ClassWizard 对话框，使用 ClassWizard 给主框架窗口类 CMainFrame 添加 WM_CLOSE 消息的处理函数 OnClose，添加代码如下：

```
void CMainFrame::OnClose()
{
```

KillTimer(1);//释放计时器
CFrameWnd::OnClose();
}

（6）编译运行程序，在状态栏上会显示系统当前时间，如图2.55所示。

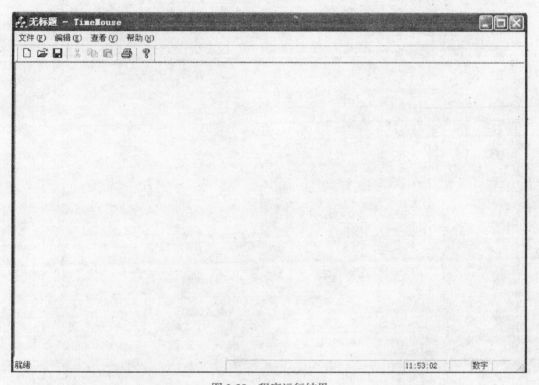

图 2.55 程序运行结果

（7）为视图类添加 WM_MOUSEMOVE 消息。

按 Ctrl+W 快捷键打开 ClassWizard 对话框，选择 Message Maps 标签。在 Class name 组合框中，选择 CTimeMouseView；在 Object IDs 列表框中选定 CTimeMouseView，在 Messages 列表框中选择 WM_MOUSEMOVE 消息。单击 Add Function 按扭，就会在 CTimeMouseView 类中添加 WM_MOUSEMOVE 消息的映射函数 On_MouseMove()函数，同时 Member functions 列表框中显示该消息和该消息的映射函数。然后单击 Edit Code 按钮，光标自动定位在该函数体内。添加代码如下：

```
void CTimeMouseView::OnMouseMove(UINT nFlags, CPoint point)
{
    CString strXY;
    //获得主窗口状态栏指针
CStatusBar*pStatus=(CStatusBar* )AfxGetApp()->m_pMainWnd->GetDescendantWindow(ID_VIEW_STATUS_BAR);
    strXY.Format("X=%3d,Y=%3d",point.x,point.y);
```

pStatus->SetPaneText(1, strXY);   //在第二个窗格上显示鼠标的 X 坐标值
CView::OnMouseMove(nFlags, point);
}

（8）编译运行程序，在状态栏上会显示鼠标坐标和系统当前时间，如图 2.38 所示。

实验12 按钮控件、静态控件、编辑框和旋转按钮控件

目的要求

（1）熟悉基于对话框程序设计的步骤。
（2）熟悉对话框编辑器的使用。
（3）掌握按钮控件、静态控件的创建和代码的添加方法。
（4）熟悉编辑框控件的创建方式。

实验（1） 按钮控件和静态控件
实验内容

使用应用程序向导创建一个基于对话框的应用程序 ButtonTest，界面如图 2.56 所示，界面上有两组不同的复选框信息，一组单选框信息，提供给用户选择，当用户作出选择后，单击"获取结果"按钮，能在右边的编辑框区域显示出选中的信息。

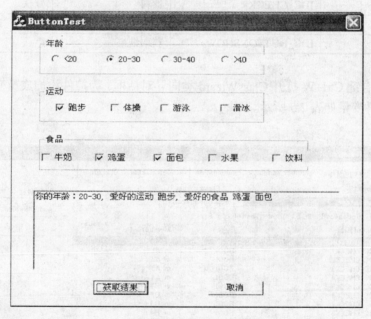

图 2.56 程序运行结果

实验步骤

（1）启动 Visual C++6.0，利用 MFC 向导建立一个基于对话框的应用程序：ButtonTest。
（2）利用对话框资源编辑器，按图 2.56 建立程序界面。

在控件工具条上依次将静态组框控件、单选按钮控件、复选按钮控件、编辑框控件拖入对话框界面上合适的位置，原界面上默认按钮 IDCANCEL 标题改为"取消"，利用 Properties

属性对话框将 IDOK 按钮的标题改为"获取结果",ID 号改为 IDC_BUTTONSHOW,设置如图 2.56 所示,控件的属性如表 2.4 所示。

表 2.4　　　　　　　　　　ButtonTest 控件属性

控　件	ID	标　题	属　性
静态组框	默认	年龄	默认
静态组框	默认	运动	默认
静态组框	默认	食品	默认
单选按钮	IDC_RADIO1	<20	Group,其他默认
单选按钮	IDC_RADIO2	20~30	默认
单选按钮	IDC_RADIO3	30~40	默认
单选按钮	IDC_RADIO4	>40	默认
复选按钮	IDC_CHECK1	跑步	Group,其他默认
复选按钮	IDC_CHECK2	体操	默认
复选按钮	IDC_CHECK3	游泳	默认
复选按钮	IDC_CHECK4	滑冰	默认
复选按钮	IDC_CHECK5	牛奶	Group,其他默认
复选按钮	IDC_CHECK6	鸡蛋	默认
复选按钮	IDC_CHECK7	面包	默认
复选按钮	IDC_CHECK8	水果	默认
复选按钮	IDC_CHECK9	饮料	默认
编辑框	IDC_EDITSHOW	—	默认
按钮	IDC_BUTTONSHOW	获取结果	默认

(3)按组合键 Ctrl+W 打开 ClassWizard 类向导对话框,为控件添加成员变量,如图 2.57 所示。添加控件变量如表 2.5 所示。

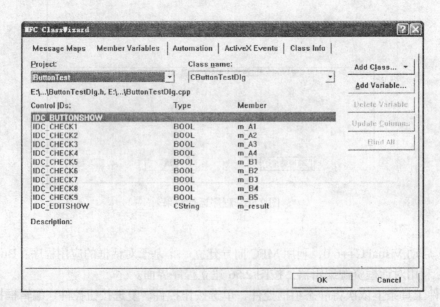

图 2.57　ClassWizard 类向导对话框

表 2.5　　　　　　　　　　　　　控件及其关联变量

控件 ID 号	变量类型	变量名	取值范围
IDC_CHECK1	BOOL	m_A1	——
IDC_CHECK2	BOOL	m_A2	——
IDC_CHECK3	BOOL	m_A3	——
IDC_CHECK4	BOOL	m_A4	——
IDC_CHECK5	BOOL	m_B1	——
IDC_CHECK6	BOOL	m_B2	——
IDC_CHECK7	BOOL	m_B3	——
IDC_CHECK8	BOOL	m_B4	——
IDC_CHECK9	BOOL	m_B5	——
IDC_EDITSHOW	CString	m_result	——

（4）双击对话框模板界面上每一个复选按钮，或按组合键 Ctrl+W，打开类向导页面添加每个复选按钮的消息响应函数。如图 2.58 所示。

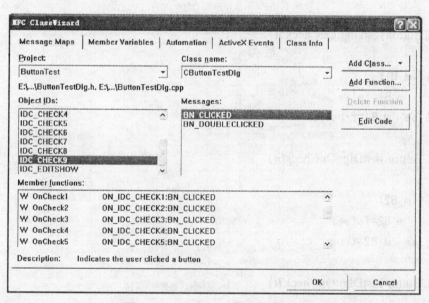

图 2.58　ClassWizard 类向导对话框

（5）添加的消息响应函数代码如下：
```
void CButtonTestDlg::OnCheck1()
{
    if(m_A1)
        m_A1=false;
    else  m_A1=true;
}
void CButtonTestDlg::OnCheck2()
```

```
{
    if(m_A2)
        m_A2=false;
    else   m_A2=true;
}
void CButtonTestDlg::OnCheck3()
{
    if(m_A3)
        m_A3=false;
    else   m_A3=true;
}
void CButtonTestDlg::OnCheck4()
{
    if(m_A4)
        m_A4=false;
    else   m_A4=true;
}
void CButtonTestDlg::OnCheck5()
{
    if(m_B1)
        m_B1=false;
    else   m_B1=true;
}
void CButtonTestDlg::OnCheck6()
{
    if(m_B2)
        m_B2=false;
    else   m_B2=true;
}
void CButtonTestDlg::OnCheck7()
{
    if(m_B3)
        m_B3=false;
    else   m_B3=true;
}
void CButtonTestDlg::OnCheck8()
{
    if(m_B4)
        m_B4=false;
    else   m_B4=true;
```

}
```
void CButtonTestDlg::OnCheck9()
{
    if(m_B5)
        m_B5=false;
    else  m_B5=true;
}
```

说明：复选按键的相关变量如 m_A 取逻辑值 true 或 false 代表选中与否的标志。

（6）将项目工作区窗口切换到 ClassView 页面，双击 CButtonTestDlg 类下的 OnInitDialog()函数，添加代码如下：

```
BOOL CButtonTestDlg::OnInitDialog()
{
    ...
    CheckRadioButton(IDC_RADIO1, IDC_RADIO4, IDC_RADIO1);  //设置第1个为选中
    return TRUE;  // return TRUE  unless you set the focus to a control
}
```

（7）进入 ClassWizard 页面，在 Class Name 列表框中选择 CButtonTestDlg，在 Object IDs 列表中选择 IDC_BUTTONSHOW，在 Messages 列表中选择 BN_CLICKED 单击消息。添加"获取结果"的消息响应函数，添加代码如下：

```
void CButtonTestDlg::OnButtonshow()
{
    CString strCtrl;
    m_result="你的年龄：";
    UINT nID=GetCheckedRadioButton(IDC_RADIO1,IDC_RADIO4);
    GetDlgItemText(nID,strCtrl);
    m_result+=strCtrl+"，爱好的运动";
    if (m_A1)  m_result+=" 跑步 ";
    if (m_A2)  m_result+=" 体操 ";
    if (m_A3)  m_result+=" 游泳 ";
    if (m_A4)  m_result+=" 滑冰 ";
    m_result+="，爱好的食品";
    if (m_B1)  m_result+=" 牛奶 ";
    if (m_B2)  m_result+=" 鸡蛋 ";
    if (m_B3)  m_result+=" 面包 ";
    if (m_B4)  m_result+=" 水果 ";
    if (m_B5)  m_result+=" 饮料 ";
    UpdateData(FALSE);
}
```

（8）程序运行结果如图 2.56 所示。
写出实验总结及实验报告。

实验（2） 编辑框和旋转按钮控件

实验内容

创建一个基于对话框的应用程序 CountTest，如图 2.59 所示，页面上编辑框用于输入学生的姓名和三门课的成绩，当用户点击"计算平均分"按钮，平均分会显示在相应的编辑框中；点击"计算总分"按钮，总分也显示在相应编辑框中。

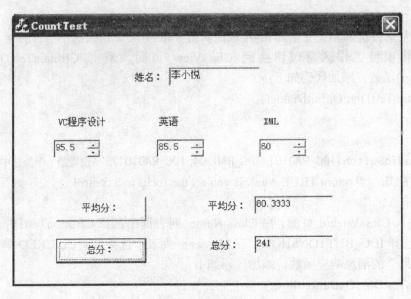

图 2.59 程序运行结果

实验步骤

（1）启动 Visual C++6.0，利用应用程序向导建立一个基于对话框的应用程序 CountTest。

（2）打开对话框编辑器，添加编辑框和按钮控件，设计如图 2.59 所示的界面，调整控件的布局。各控件属性的设置如表 2.6 所示。

（3）设置显示总分和平均分的编辑框的属性如图 2.60 所示。

设置编辑框的属性为 only-Read，确保在此编辑中只能获取程序内部计算出来的值，而无法被外界更改。

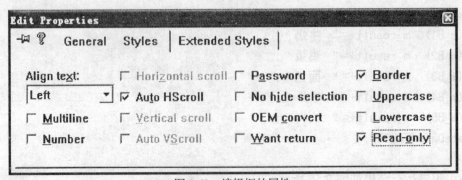

图 2.60 编辑框的属性

表 2.6 Count Test 控件属性

控 件	ID	标 题
静态文本	默认	姓名：
静态文本	默认	VC 程序设计
静态文本	默认	英语
静态文本	默认	XML
静态文本	默认	平均分：
静态文本	默认	总分：
编辑框	IDC_NAME	—
编辑框	IDC_SCORE1	—
编辑框	IDC_SCORE2	—
编辑框	IDC_SCORE3	—
编辑框	IDC_AVERAGE	—
编辑框	IDC_SUM	—
旋转按钮	IDC_SPIN1	—
旋转按钮	IDC_SPIN2	—
旋转按钮	IDC_SPIN3	—
按钮	IDC_BUTTONAVE	—
按钮	IDC_BUTTONSUM	—

（4）设置旋转按钮属性 Auto buddy、Right 如图 2.61 所示。

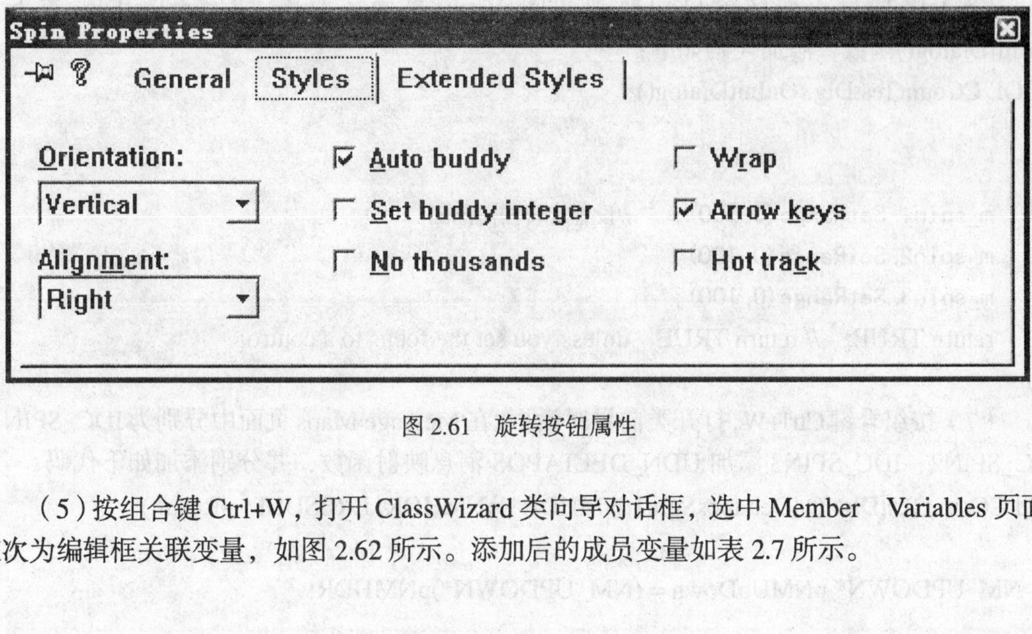

图 2.61 旋转按钮属性

（5）按组合键 Ctrl+W，打开 ClassWizard 类向导对话框，选中 Member Variables 页面，依次为编辑框关联变量，如图 2.62 所示。添加后的成员变量如表 2.7 所示。

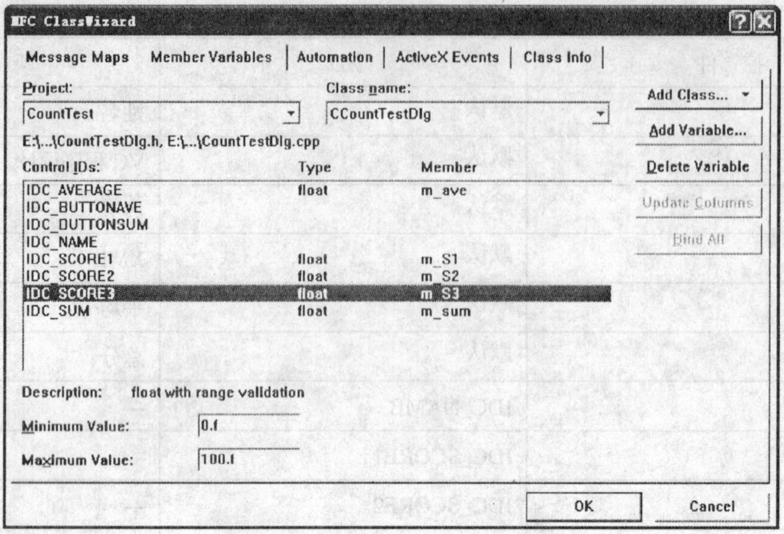

图 2.62 ClassWizard 类向导对话框

表 2.7 控件及其关联变量

控件 ID	类 型	变量名	取值范围
IDC_SCORE1	float	m_s1	0.0 ~ 100.0
IDC_SCORE2	float	m_s2	0.0 ~ 100.0
IDC_SCORE3	float	m_s3	0.0 ~ 100.0
IDC_AVERAGE	float	m_ave	—
IDC_SUM	float	m_sum	—
IDC_SPIN1	CSpinButtonCtrl	m_spin1	—
IDC_SPIN2	CSpinButtonCtrl	m_spin1	—
IDC_SPIN3	CSpinButtonCtrl	m_spin1	—

（6）将项目工作区窗口切换到 ClassView 页面，双击 CCountTestDlg 类下的 OnInitDialog()函数，添加代码如下：

```
BOOL CCountTestDlg::OnInitDialog()
{
    …
    m_spin1.SetRange(0, 100);    //设置旋转按钮范围
    m_spin2.SetRange(0, 100);
    m_spin3.SetRange(0, 100);
    return TRUE;  // return TRUE  unless you set the focus to a control
}
```

（7）按组合键 Ctrl+W，打开类向导对话框，在 Message Maps 页面中分别为 IDC_SPIN1、IDC_SPIN2、IDC_SPIN3 添加 UDN_DELTAPOS 消息映射函数，并分别添加如下代码：

```
void CCountTestDlg::OnDeltaposSpin1(NMHDR* pNMHDR, LRESULT* pResult)
{
    NM_UPDOWN* pNMUpDown = (NM_UPDOWN*)pNMHDR;
```

```
    UpdateData();
    m_s1+=(float)pNMUpDown->iDelta*0.5f;
    UpdateData(FALSE);
    *pResult = 0;
}
void CCountTestDlg::OnDeltaposSpin2(NMHDR* pNMHDR, LRESULT* pResult)
{
    NM_UPDOWN* pNMUpDown = (NM_UPDOWN*)pNMHDR;
    UpdateData();
    m_s2+=(float)pNMUpDown->iDelta*0.5f;
    UpdateData(FALSE);
    *pResult = 0;
}
void CCountTestDlg::OnDeltaposSpin3(NMHDR* pNMHDR, LRESULT* pResult)
{
    NM_UPDOWN* pNMUpDown = (NM_UPDOWN*)pNMHDR;
    UpdateData();
    m_s3+=(float)pNMUpDown->iDelta*0.5f;
    UpdateData(FALSE);
    *pResult = 0;
}
```

（8）为程序添加消息响应函数。

按组合键 Ctrl+W，打开类向导对话框，在 Message Maps 页面中为两个按钮 IDC_BUTTONAVE 和 IDC_BUTTONSUM 添加单击 BN_CLICKED 的消息响应函数，如图2.63所示。

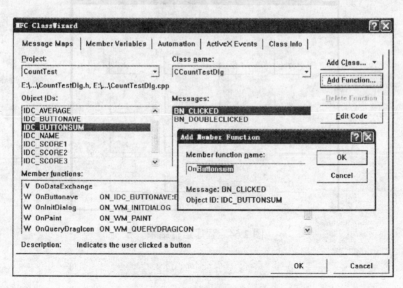

图2.63 消息响应函数对话框

（9）添加函数代码。

在类向导页面中点击"EditCode"按钮，进入源程序页面，在光标所停的地方添加代码如下：

```
void CCountTestDlg::OnButtonave()
{
    UpdateData( );
    m_ave = (m_s1+ m_s2 +m_s3) / 3;     // 计算平均分
    UpdateData(FALSE);
}
void CCountTestDlg::OnButtonsum()
{
    UpdateData( );
    m_sum = m_s1 +m_s2 + m_s3;         // 计算总分
    UpdateData(FALSE);
}
```

（10）编译运行程序，即可得到结果。

写出实验总结及实验报告。

实验（3） 编辑框和按钮控件

实验内容

利用 MFC 创建一个基于对话框的应用程序 ComputerTest，程序运行结果为如图 2.64 所示的计算器，计算器界面上各个按钮代表不同的计算数字和运算符，编辑框用来显示计算结果。

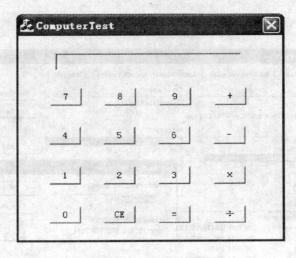

图 2.64 程序运行结果

实验步骤

（1）启动 Visual C++6.0，利用 MFC 向导创建一个基于对话框的应用程序 ComputerTest。

（2）将对话框模板上默认的两个按钮删除，利用控件工具栏增加如图 2.64 所示的各个按钮控件和编辑框控件。设置控件属性如表 2.8 所示。

表 2.8　　　　　　　　　　　ComputerTest 控件属性

控件	ID	标题	属性
编辑框	IDC_EDIT1	——	
按钮	IDC_BUTTON1	1	默认
按钮	IDC_BUTTON2	2	默认
按钮	IDC_BUTTON3	3	默认
按钮	IDC_BUTTON4	4	默认
按钮	IDC_BUTTON5	5	默认
按钮	IDC_BUTTON6	6	默认
按钮	IDC_BUTTON7	7	默认
按钮	IDC_BUTTON9	9	默认
按钮	IDC_BUTTON0	0	默认
按钮	IDC_CE	CE	默认
按钮	IDC_RESULT	=	默认
按钮	IDC_ADD	+	默认
按钮	IDC_DIFFERENCE	-	默认
按钮	IDC_MULTIPLE	×	默认
按钮	IDC_DEVIDE	÷	默认

（3）打开 ClassWizard 类向导页面，选择 Member Variables 标签页面，为编辑框控件 IDC_EDIT1 分别添加字符串类型 CString 和编辑框类型 CEdit 的变量：m_result 和 m_edit，如图 2.65 所示。添加的成员变量如表 2.9 所示。

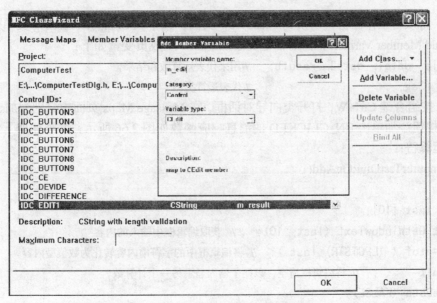

图 2.65　ClassWizard 类向导对话框

表 2.9 控件及其关联变量

控件 ID 号	变量类型	变量名	取值范围
IDC_EDIT1	CString	m_result	—
IDC_EDIT1	CEdit	m_edit	—

（4）双击数字 1 按钮控件，或打开类向导中 Message Maps 页面，添加该数字按钮 IDC_BUTTON1 的单击 BN_CLICKED 消息函数，并添加如下代码：

```
void CComputerTestDlg::OnButton1()
{
    char  last[10];
    m_edit.GetWindowText(last,10);      // 获取编辑框中已输入的文本
    char  s[2]="1";
    m_result=strcat(last,s);            // 将先后输入的文本拼接成一个字符串
    UpdateData(FALSE);
}
```

用同样的方法为其他九个数字按钮添加单击的消息，并添加相应的代码，只需将每个消息函数体中 char s[ ]= "1"; 设置为相应的数字 "2"、"3"、"4"、"5"、"6"、"7"、"8"、"9"、"0" 即可。

（5）按组合键 Ctrl+W，打开类向导对话框，在 Message Maps 页面中为 "CE" 复位归零按钮添加单击 BN_CLICKED 的消息响应函数，并添加如下代码：

```
void CComputerTestDlg::OnCe()
{
    m_edit.SetSel(0,-1) ;               //将编辑框中内容全部选中
    m_edit.ReplaceSel(" ");             //将选中的内容替换为空
}
```

（6）将项目工作区窗口切换到 ClassView 页面，选中 CComputerTestDlg 类单击鼠标右键选择 Add Member Variable，为对话框类添加 Public 型成员变量如下：

```
double  data1, data2, result;    //用来代表运算数和结果
int  flag;                        //代表运算类型
```

（7）按组合键 Ctrl+W，打开类向导对话框，在 Message Maps 页面中分别为加、减、乘、除运算符按钮添加单击 BN_CLICKED 的消息响应函数如图 2.66 所示，并添加如下代码：

"+" 运算符：

```
void CComputerTestDlg::OnAdd()
{
    char  last [10];
    m_edit.GetWindowText (last, 10);    // 获取编辑框中输入的内容
    data1=atof ( (LPCTSTR) last );      // 将编辑框中的字符串内容转化为数值型内容
    m_result=" ";    // 将编辑框清空，以便于输入显示另一个计算数
    UpdateData (FALSE);
    flag=1; // 标志值置 1 代表加运算
```

}

"一"运算符：
```
void CComputerTestDlg::OnDifference()
{
    char  last [10];
    m_edit.GetWindowText (last, 10); // 获取编辑框中输入的内容
    data1=atof ( (LPCTSTR) last ); // 将编辑框中的字符串内容转化为数值型内容
    m_result= " "; // 将编辑框清空，以便于输入显示一个计算数
    UpdateData (FALSE);
    flag=2; // 标志值置 2 代表减运算
}
```

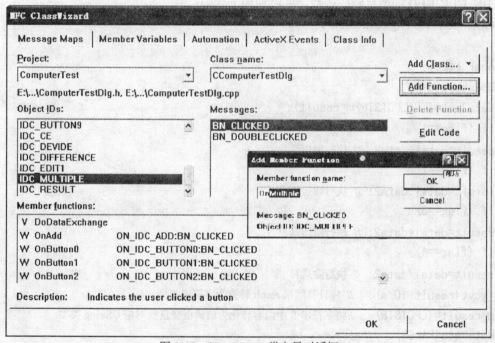

图 2.66　ClassWizard 类向导对话框

"×"运算符：
```
void CComputerTestDlg::OnMultiple()
{
    char  last [10];
    m_edit.GetWindowText (last, 10); // 获取编辑框中输入的内容
    data1 = atof ( (LPCTSTR) last ); // 将编辑框中的字符串内容转化为数值型内容
    m_result= " "; // 将编辑框清空，以便于输入显示一个计算数
    UpdateData (FALSE);
    flag = 3; // 标志值置 3 代表乘运算
```

}
"÷"运算符：
```
void CComputerTestDlg::OnDevide()
{
    char  last[10];
    m_edit.GetWindowText (last, 10); // 获取编辑框中输入的内容
    data1=atof ( (LPCTSTR) last ); // 将编辑框中的字符串内容转化为数值型内容
    m_result = ""; // 将编辑框清空，以便于输入显示一个计算数
    UpdateData (FALSE);
    flag=4; // 标志值置4代表除运算
}
```

（8）按组合键 Ctrl+W，打开类向导对话框，在 Message Maps 页面中为"="按钮添加单击 BN_CLICKED 的消息响应函数，并添加如下代码：
```
void CComputerTestDlg::OnResult()
{
    char s[20];
    UpdateData();
    data2=atof( (LPCTSTR)m_result);
    if (flag==1)
    result=data1+data2; // 执行加运算
    if (flag==2)
    result=data1-data2; // 执行减运算
    if (flag==3)
    result=data1*data2; // 执行乘运算
    if (flag==4)
    result=data1/data2; // 执行除运算
    _gcvt(result,10,s);    // 将计算结果 result 转换为字符串类型
    m_result=(LPCTSTR)s; //将字符串 S 中内容转化为编辑框变量所对应 CString 类型
    UpdateData(FALSE);
}
```

（9）编译运行程序，结果如图 2.64 所示，按算术运算规则可得出相应的结果。写出实验总结及实验报告。

实验13 列表框和组合框控件

目的要求

（1）熟悉列表框和组合框控件的添加方法及属性设置。
（2）掌握列表框和组合框列表项的添加方法及基本的操作函数应用。
（3）了解列表框和组合框通知消息。

实验内容

创建如图 2.67 所示的基于对话框的应用程序 ComboBoxTest，在"画笔颜色"下拉组合框中进行绘图工具颜色的选取，在"线型"组合框中进行线条形状的确认，单击"绘图"按钮时，右边的矩形框中出现相应颜色的线条。

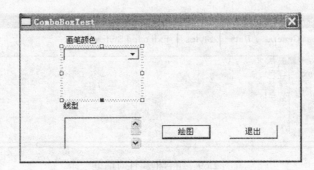

图 2.67 对话框界面

实验步骤

（1）启动 Visual C++6.0，利用 AppWizard 创建基于对话框的应用程序 ComboBoxTest。
（2）在 Workspace 窗口选择 Resource View 选项卡，打开 Dialog 文件夹，双击对话框的 **IDD_COMBOBOXTEST_DIALOG**，展开对话框模板，设置控件属性如图 2.68 所示，将默认的两个按钮分别改为"绘图"、"退出"，ID 号设置如表 2.10 所示。

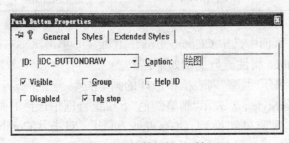

图 2.68 控件属性对话框

利用控件工具栏，按照图 2.67 所示依次添加各个控件，其属性设置如表 2.10 所示。

表 2.10　　　　　　　　　　　　ComboBoxTest 控件属性

控件	ID	标题	属性
静态文本	默认	画笔颜色	默认
静态文本	默认	线型	默认
组合框	IDC_COMBOCOLOR	—	Dropdown、不选 Sort
列表框	IDC_LISTSHAPE	—	不选 Sort
按钮	IDC_BUTTONDRAW	绘图	默认
按钮	IDCANCEL	退出	默认

注意：在组合框添加到对话框模板后，一定要单击组合框下拉按钮（ ），然后调整出现的组合框的下拉框大小，否则组合框可能因为下拉框太小而无法显示其下拉列表项。

（3）在"画笔颜色"下拉组合框中点击鼠标右键，打开 Properties 属性对话框，单击 Data 选项卡，输入如图 2.69 所示内容，每输入完一个列表项后，同时按 Ctrl 键和 Enter 键，进入下一个列表项编辑。此数据是对组合框进行初始化。

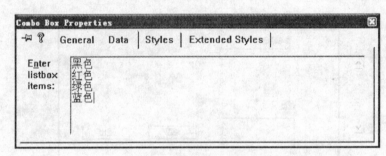

图 2.69　组合框属性对话框

（4）按组合键 Crtl+W，打开 ClassWizard 类向导对话框，进入第二个标签页面 Member Variables 依次为对话框中相关控件添加成员变量如图 2.70 所示，如表 2.11 所示。

表 2.11　　　　　　　　　　　　控件及其关联变量

控件 ID 号	变量类型	变量名	取值范围
IDC_COMBOCOLOR	CComboBox	m_ComboColor	—
IDC_LISTSHAPE	CListBox	m_ListShape	—

（5）在 ClassView 页面中选中 CComboBoxTestDlg 类，单击鼠标右键，选择 Add Member Variable 选项，添加 Public 属性成员变量如下：
　　int　PenStyle;　// 表示"线型"列表框中选择的画笔类型
　　COLORREF　ColorStyle ; // 表示"画笔颜色"下拉组合框中选择的画笔颜色
（6）将项目工作区窗口切换到 ClassView 页面，双击 CComboBoxTestDlg 类下的 OnInitDialog()函数，在对话框的初始化函数中添加代码如下：

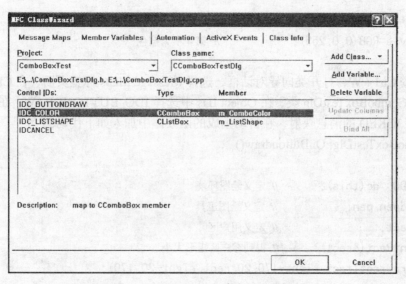

图 2.70　ClassWizard 类向导对话框

```
BOOL CComboBoxTestDlg::OnInitDialog()
{
    …
    m_ListShape.AddString("实线");
    m_ListShape.AddString("虚线");
    m_ListShape.AddString("点线");
    ColorStyle=RGB(0,0,0);       // 默认画笔颜色为黑色
    PenStyle=PS_SOLID;            // 默认画笔样式为实线
    m_ComboColor.SetCurSel(0);    // 设置组合框的初始选项（黑色）
    m_ListShape.SetCurSel(0);     // 设置列表框的初始选项（实线）
    return TRUE;  // return TRUE  unless you set the focus to a control
}
```

（7）按 Ctrl + W，打开类向导对话框，选择 Message Maps 标签页面，在 Class Name 列表中选择 CComboBoxTestDlg 类，在 Object IDs 中选择 IDC_COMBOCOLOR，在消息列表中选择 CBN_SELENDOK，系统会自动生成消息处理函数，当用户在下拉组合框中选择某一种颜色时，将执行该函数体的语句，在该函数中添加的代码如下：

```
void CComboBoxTestDlg::OnSelendokCombocolor()
{  int i;
   i = m_ComboColor.GetCurSel();    // 获取用户当前选项
  if (i==0)
   ColorStyle=RGB(0,0,0);            // 第 1 项为黑色
  if (i==1)
   ColorStyle=RGB(255,0,0);          // 第 2 项为红色
  if (i==2)
   ColorStyle=RGB(0,255,0);          // 第 3 项为绿色
```

```
    if (i==3)
        ColorStyle=RGB(0,0,255);              // 第4项为蓝色
}
```

（8）按 Ctrl + W，打开类向导对话框，选择 Message Maps 标签页面，在 Class Name 列表中选择 CComboBoxTestDlg 类，在 Object IDs 中选择 IDC_BUTTONDRAW，在消息列表中选择 BN_CLICKED 的消息映射，在自动生成的函数体中加入如下代码：

```
void CComboBoxTestDlg::OnButtondraw()
{
    CClientDC   dc(this);                  // 定义绘图环境
    CPen*oldpen,pen;                       // 定义绘图工具
    CRect rect;                            // 定义用户区
    GetClientRect(&rect);                  // 得到客户区矩形大小
    CRect drawrect(rect.right-170,20,rect.right-20,170);
    if(m_ListShape.GetSel(0))
            PenStyle=PS_SOLID;             // 用户选择列表框中第一项代表实线型
    else   if ( m_ListShape.GetSel(1))
                PenStyle=PS_DASH;          // 用户选择列表框中第二项代表虚线型
    else   if (m_ListShape.GetSel(2))
                PenStyle=PS_DOT;           // 用户选择列表框中第三项代表点线
    pen.CreatePen(PenStyle,1,ColorStyle);  // 定义画笔
    oldpen=dc.SelectObject(&pen);          //选入设备环境
    dc.MoveTo(drawrect.left,drawrect.top/2);
    dc.LineTo(drawrect.right,drawrect.bottom/2);
    dc.SelectObject(oldpen);
    pen.DeleteObject();
}
```

（9）编译、运行程序。结果如图 2.71 所示。

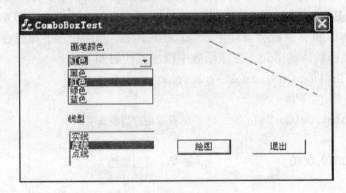

图 2.71　程序运行结果

写出实验总结及实验报告。

实验14 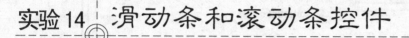滑动条和滚动条控件

目的要求

（1）掌握滑动条和滚动条控件的创建方式及属性设置。
（2）掌握滑动条和滚动条控件基本的操作函数应用。
（3）了解滑动条和滚动条控件通知消息。
（4）了解程序代码的添加过程。

实验内容

在前例组合框控件使用的基础上增设一个滑动条控件和水平滚动条，滑块的左右移动改变线的宽度。滚动条左右移动改变线的颜色，当用户单击"绘图"按钮时，在对话框界面指定区域显示出相应线宽和颜色的线条如图2.72所示。

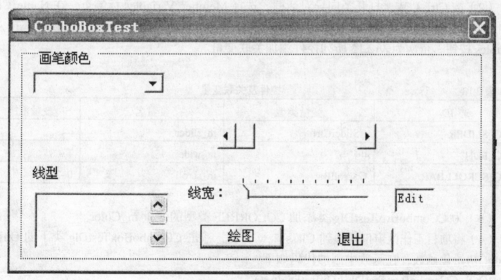

图 2.72　对话框界面

实验步骤

（1）启动 Visual C++6.0，打开前例应用程序 ComboBoxTest 的对话框模板界面，使用控件工具栏添加如图 2.72 所示静态文本控件、滑动条控件、水平滚动条和编辑框控件，编辑框用来显示线宽的变化值，滚动条改变线的颜色，设置控件属性如表 2.12 所示，设置滑动条属性如图 2.73 所示。

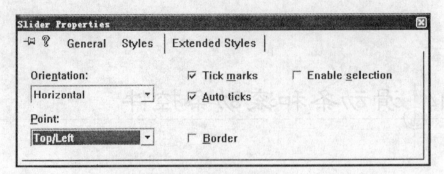

图 2.73　滑动条属性对话框

表 2.12　　　　　　　　　　　　设置控件属性

控件	ID	标题	属性
静态文本	默认	线宽：	默认
滑动条	IDC_SLIDER	—	Top/Left、Tick marks Auto ticks
编辑框	IDC_EDIT	—	默认
水平滚动条	IDC_SCROLLBAR	—	默认

（2）按 Ctrl + W，打开类向导对话框，选择 Member Variables 标签页，在 Name Class 框中选择 CComboBoxTestDlg 类，在 Control IDs 中选择所需控件 ID 号，双击或单击 Add Variables 按钮，依次为表 2.13 所列控件添加关联变量。

表 2.13　　　　　　　　　　　　控件及关联变量

ID	变量类型	变量名	变量范围
IDC_SLIDER	CSliderCtrl	m_slider	—
IDC_EDIT	int	m_wide	1 ~ 8
IDC_SCROLLBAR	CScrollBar	m_scroll	0~255

（3）为 CComboBoxTestDlg 类添加 COLORREF 类型的变量 m_Color。

（4）将项目工作区窗口切换到 ClassView 页面，双击 CComboBoxTestDlg 类下的 OnInit-Dialog()初始化函数，在函数中添加代码如下：

```
BOOL CComboBoxTestDlg::OnInitDialog()
{
    …
    m_slider.SetRange (1,8);              // 设置滑块范围最小、最大值
    m_slider.SetTicFreq (1);              // 设置滑块标尺，每一个单位一个标记
    m_slider.SetPos (1);                  // 设置滑块当前位置
    m_slider.SetSelection (1,8);          // 设置滑块正常值范围 1~8

    m_Color=RGB(0,0,0);                   //设置颜色初始值
    m_scroll.SetScrollRange(0, 255);      //设置滚动条范围
```

```
        UpdateData(FALSE);
        m_scroll.SetScrollPos(m_Color);  //设置滚动条当前位置
        return TRUE;   // return TRUE  unless you set the focus to a control
}
```

（5）切换到 ClassWizard 的 Message Maps 标签页，为对话框添加 WM_HSCROLL 的消息映射，并添加下列代码：

```
Void  CComboBoxTestDlg::OnHScroll(UINT nSBCode, UINT nPos, CScrollBar* pScrollBar)
{
        int  id = pScrollBar->GetDlgCtrlID();
        if (id == IDC_SLIDER )
        m_wide = m_slider.GetPos();  // 获取滑块当前位置

        if(id==IDC_SCROLLBAR)
        {
            switch(nSBCode)
            {
        case SB_LINELEFT:m_Color--;
                    break;
        case SB_LINERIGHT:m_Color++;  break;
        case SB_PAGELEFT:m_Color-=10;break;
        case SB_PAGERIGHT:m_Color+=10;break;
        case SB_THUMBTRACK:m_Color=nPos; break;
            }
    m_scroll.SetScrollPos(m_Color);
    }
    UpdateData ( FALSE );
    OnButtondraw();
    Invalidate();//强制系统调用 OnPaint 函数重新绘制
CDialog::OnHScroll(nSBCode, nPos, pScrollBar);
}
```

（6）在 CComboBoxTestDlg::OnButtondraw()的绘图函数体中，将语句：
        pen.CreatePen(PenStyle,1,ColorStyle);   // 定义画笔
改为：
        UpdateData ();
        pen.CreatePen(PenStyle,m_wide,ColorStyle);
        //m_wide 的值作为线宽，m_Color 滚动条控制颜色

（7）编译运行程序结果如图 2.74 所示。当用户拖动滑动条选择线宽，在"画笔颜色"组合框下选择颜色，线型列表框选择实线，单击"绘图"按钮，可绘出不同线宽和颜色的线条，只能选实线，因为点线和虚线的宽度不能大于 1 个像素。

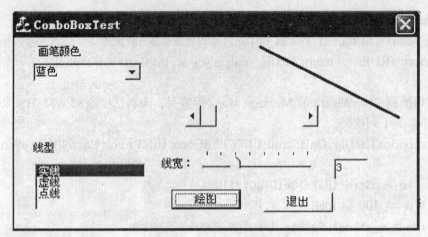

图 2.74　程序运行结果

（8）在 CComboBoxTestDlg::OnButtondraw()的绘图函数体中，将语句：
　　pen.CreatePen(PenStyle,m_wide,ColorStyle);// 定义画笔
改为：
　　pen.CreatePen (PenStyle,m_wide,m_Color);
//m_wide 的值作为线宽，m_Color 控制颜色
（9）编译运行程序结果如图 2.75 所示。当拖动滑动条和滚动条，单击"绘图"按钮，可绘出不同线宽和颜色的线条，只能选实线，因为点线和虚线的宽度不能大于 1 个像素。

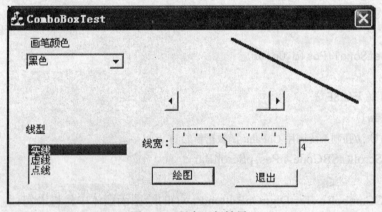

图 2.75　程序运行结果

写出实验总结及实验报告。

实验15　控件的数据交换

目的要求

（1）熟悉对话框资源的添加方法。
（2）掌握各种控件的添加方法和控件的消息响应方式。
（3）掌握控件的数据交换DDX机制。

实验内容

创建一个单文档的应用程序 TestSdi，当用户在窗口客户区点击鼠标左键时，会弹出如图2.76所示的对话框，单击"显示默认值"按钮，对话框界面的编辑框区域会显示一行文本，单击"清除"按钮，编辑框中的文本消失，单击"弹出消息框"按钮，会弹出一个带有指定文本的消息框，单击"关闭"按钮，对话框关闭。

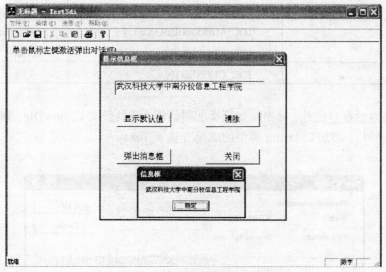

图2.76　程序运行结果对话框

实验步骤

（1）启动 Visual C++6.0，利用 MFC 应用程序向导生成单文档(Single Document)应用程序 TestSdi 框架。

（2）利用资源编辑器添加资源。选中"Resource View"选项卡，在"Dialog"文件夹上单击鼠标右键，弹出快捷菜单，选择"Insert Dialog"菜单命令如图2.77所示，对话框资源自动添加，ID号为默认值，设置标题为"提示信息框"，按如图2.78所示布局控件，设计对话框。设置控件属性如表2.14所示。

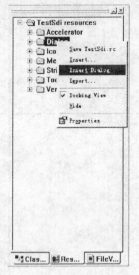

图 2.77 添加对话框资源

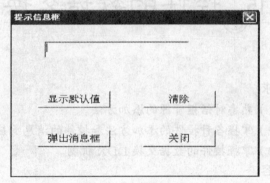

图 2.78 对话框控件

表 2.14 控件属性

控 件	ID	标 题
编辑框	IDC_EDIT1	—
按钮	IDC_DEFAULTBTN	显示默认值
按钮	IDC_MESSAGEBOXBTN	弹出消息框
按钮	IDC_CLEARBTN	清除
按钮	IDC_CLOSEBTN	关闭

（3）双击对话框空白处，弹出添加新类的对话框，添加新类 **CShowDlg**，如图 2.79 所示。为编辑框 IDC_EDIT1 添加 CString 类型的成员变量 m_Text。

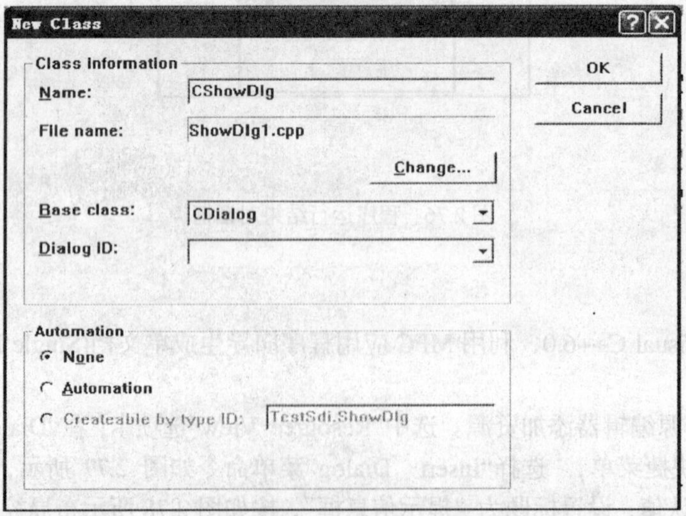

图 2.79 添加新类对话框

（4）打开 TestSdiView.cpp 文件，在 CTestSdiView::OnDraw(CDC* pDC)函数中添加如下代码：

```
void CTestSdiView::OnDraw(CDC* pDC)
{
    CTestSdiDoc* pDoc = GetDocument();
    ASSERT_VALID(pDoc);
    pDC->TextOut(10,10,"单击鼠标左键激活弹出对话框!");
}
```

（5）通过 ClassWizard 类向导进行消息映射，CTestSdiView 类添加单击鼠标左键 (WM_LBUTTONDOWN)消息函数，如图 2.80 所示。在函数中添加代码如下：

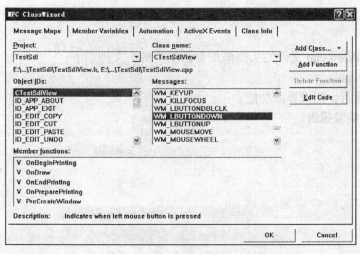

图 2.80　MFC ClassWizard 对话框

```
void    CTestSdiView::OnLButtonDown(UINT nFlags, CPoint point)
{
    CShowDlg showdlg;
    showdlg.DoModal();
    CView::OnLButtonDown(nFlags, point);
}
```

（6）通过 ClassWizard 类向导进行消息映射，为 CShowDlg 类分别添加 IDC_DEFAULT-BTN 按钮、IDC_MESSAGEBOXBTN 按钮、IDC_CLEARBTN 按钮、IDC_CLOSEBTN 按钮单击 BN_CLICKED 的消息函数，在函数中分别添加代码如下：

```
void    CShowDlg::OnDefaultbtn()
{
    m_Text="武汉科技大学中南分校信息工程学院";
    UpdateData(false);
}
void    CShowDlg::OnMessageboxbtn()
```

```
{
    UpdateData(true);
    MessageBox(m_Text," 信息框 ",MB_OK);
}
void CShowDlg::OnClearbtn()
{
    m_Text="";
    UpdateData(false);
}
void  CShowDlg::OnClosebtn()
{
    CDialog::OnOK();
}
```
注意：在 TestSdiView.cpp 文件的头部添加对话框类的头文件如下：
#include "ShowDlg.h"

（7）编译运行，测试界面功能。

写出实验总结及实验报告。

实验 16　画笔和画刷

目的要求

（1）熟悉绘图的基本步骤及方法。
（2）了解 Windows 程序中绘图的原理。
（3）掌握画笔和画刷的创建方法及基本绘图函数的使用。
（4）熟悉绘图颜色的设置。

实验（1）

实验内容

创建一个单文档应用程序 PenText，绘出如图 2.81 所示的图形。

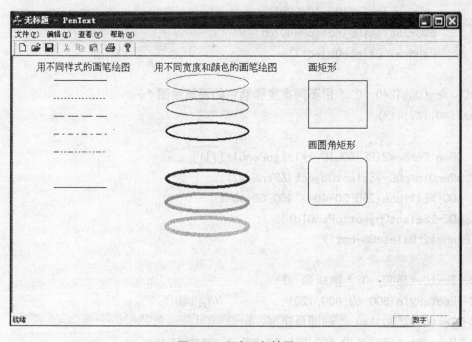

图 2.81　程序运行结果

实验步骤

（1）使用 Visual C++6.0，创建一个单文档应用程序 PenText。
（2）打开工作区窗口中的 ClassView 页面，双击 CPenTextView 文件夹下的 OnDraw 函数，在该函数体中添加如下代码：
void CPenTextView::OnDraw(CDC* pDC)

```
{
    CPenTextDoc* pDoc = GetDocument();
    ASSERT_VALID(pDoc);

    CPen *pPenOld,PenNew1;
    int nPenStyle[]={PS_SOLID,PS_DOT,PS_DASH,PS_DASHDOT,PS_DASHDOTDOT,PS_NULL,PS_INSIDEFRAME};
    COLORREF rgbPenClr[]={RGB(255,0,0),RGB(0,255,0),RGB(0,0,255),RGB(255,255,0),RGB(255,0,255),RGB(0,255,255),RGB(192,192,192)};
    pDC->TextOut(40,10,"用不同样式的画笔绘图");
    for(int i=0;i<7;i++)
    {
        PenNew1.CreatePen(nPenStyle[i],1,RGB(0,0,0));
        pPenOld=pDC->SelectObject(&PenNew1);
        pDC->MoveTo(70,40+30*i);
        pDC->LineTo(160,40+30*i);
        pDC->SelectObject(pPenOld);
        PenNew1.DeleteObject();
    }
    pDC->TextOut(240,10," 用不同宽度和颜色的画笔绘图 ");
    for(i=0;i<7;i++)
    {
        CPen PenNew2(PS_SOLID,i+1,rgbPenClr[i]);
        pPenOld=pDC->SelectObject(&PenNew2);
        pDC->Ellipse(260,30+40*i,400,60+40*i);
        pDC->SelectObject(pPenOld);
        PenNew2.DeleteObject();
    }
    pDC->TextOut(500,10," 画矩形 ");
    pDC->Rectangle(500,40,600,120);              //绘制矩形
    pDC->TextOut(500,140," 画圆角矩形 ");
    pDC->RoundRect(500,170,600,250,20,20);       //绘制圆角矩形
}
```

（3）编译运行程序，结果如图2.81所示。

实验（2）

实验内容

在一个单文档应用程序PenGraphTest中，画出不同的直线、曲线，程序运行结果如图2.82所示。

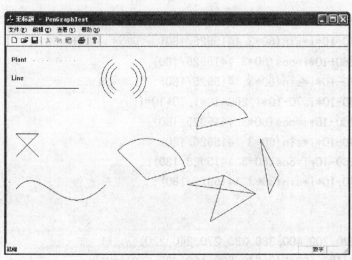

图 2.82 程序运行结果

实验步骤

（1）使用 Visual C++6.0，创建一个单文档应用程序 PenGraphTest。

（2）打开工作区窗口中的 ClassView，双击 CPenGraphTestView 文件夹下的 OnDraw 函数，在该函数体中加入如下代码：

```
void    CPenGraphTestView::OnDraw(CDC* pDC)
{
    CPenGraphTestDoc* pDoc = GetDocument();
    ASSERT_VALID(pDoc);
    int i;
    //绘制一组彩色点，只有一个像素
    pDC->TextOut(10,20,"Piont");
    for(int xPos=60;xPos<160;xPos+=10)
        pDC->SetPixel(xPos,30,RGB(0,0,0));//绘制像素点
    //绘制直线
    pDC->TextOut(10,60,"Line");
    pDC->MoveTo(20,90);
    pDC->LineTo(160,90);
    //绘制折线
    POINT polyline[4]={{70,240},{20,190},{70,190},{20,240}};
    pDC->Polyline(polyline,4);
    //绘制 Bezier 曲线
    POINT polyBezier[4]={{20,310},{80,240},{120,400},{220,300}};
    pDC->PolyBezier(polyBezier,4);
    //绘制圆弧
    for(i=3;i<6;i++)
    {
        pDC->Arc(260-10*i,70-10*i,260+10*i,70+10*i,
```

```
            (int)260+10*i*cos(60*3.1415926/180),
            (int)70+10*i*sin(60*3.1415926/180),
            (int)260+10*i*cos(60*3.1415926/180),
            (int)70-10*i*sin(60*3.1415926/180);
        pDC->Arc(260-10*i,70-10*i,260+10*i,70+10*i,
            (int)260-10*i*cos(60*3.1415926/180),
            (int)70-10*i*sin(60*3.1415926/180),
            (int)260-10*i*cos(60*3.1415926/180),
            (int)70+10*i*sin(60*3.1415926/180);
    }
    //绘制弦形和扇形
        pDC->Pie(220,200,400,380,380,270,240,220);//扇形
        pDC->Chord(420,120,540,240,520,160,420,180);//弦形
    //绘制多边形
        POINT polygon[3]={{560,200},{580,320},{600,280}};
        pDC->Polygon(polygon,3);
        POINT
polyPolygon[6]={{450,380},{550,320},{480,280},{400,300},{550,320},{480,280}};
        int polygonPoints[2]={3,3};
        pDC->PolyPolygon(polyPolygon,polygonPoints,2);
}
```

（3）在 PenGraphTestView.cpp 类文件的开头处添加如下语句：

　　#include "math.h" //包含数学函数的头文件。

（4）编译运行程序得到如图 2.82 所示的结果。

实验（3）

实验内容

　　在单文档应用程序 BrushGraphTest 中，显示不同颜色风格的画刷，程序运行结果如图 2.83 所示。

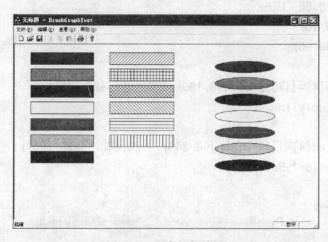

图 2.83　程序运行结果

实验步骤

（1）使用 Visual C++6.0，创建一个单文档应用程序 BrushGraphTest。

（2）打开工作区窗口中的 ClassView 页面，双击 CBrushGraphTestView 文件夹下的 OnDraw 函数，在该函数体中加入如下代码：

```
void CBrushGraphTestView::OnDraw(CDC* pDC)
{
    CBrushGraphTestDoc* pDoc = GetDocument();
    ASSERT_VALID(pDoc);
    int  i;
    CBrush * pNewBrush;
    CBrush * pOldBrush;
    struct tagColor       //设置颜色表
    { int  r;
      int  g;
      int  b;
    }color[7]={{255,0,0},{0,255,0},{0,0,255},{255,255,0},{255,0,255},{0,255,255},
{0,0,0}};
    //使用不同颜色的实体画刷
    for(i=0;i<7;i++)
    {    //构造新画刷
        pNewBrush=new CBrush;
if(pNewBrush->CreateSolidBrush(RGB(color[i].r,color[i].g,color[i].b)))
{ pOldBrush=pDC->SelectObject(pNewBrush);          //选择新画刷
        pDC->Rectangle(40,20+i*40,200,50+i*40);     //绘制矩形
        pDC->Ellipse(500,40+40*i,650,70+40*i);
        pDC->SelectObject(pOldBrush);               //恢复设备中原有的画刷
 }
        delete  pNewBrush;     //删除新画刷
}
    int nBrushPattern[6]={HS_BDIAGONAL,HS_CROSS,HS_DIAGCROSS,HS_FDIAGONAL,HS_HORIZONTAL,
HS_VERTICAL};           //实体画刷的图案
//使用不同图案的阴影画刷
    for(i=0;i<6;i++)
    { //构造新画刷
        pNewBrush=new CBrush;
        if(pNewBrush->CreateHatchBrush(nBrushPattern[i],RGB(0,0,0)))
         {  pOldBrush=pDC->SelectObject(pNewBrush);      //选择新画刷
        pDC->Rectangle(240,20+i*40,400,50+i*40);        //绘制矩形
        pDC->SelectObject(pOldBrush);       //恢复设备上下文中原有的画刷
}
```

```
        delete pNewBrush;        //删除新画刷
    }
}
```

（3）编译运行程序结果如图 2.83 所示。

实验（4）

实验内容

创建一个单文档应用程序 DrawShapeTest，运行程序结果如图 2.84 所示，单击"画图"菜单，选择"画矩形"，客户区窗口显示出一个矩形图案；选择"画圆"，客户区窗口显示出一个圆形；选择"画多边形"客户区窗口显示出一个多边形图案。

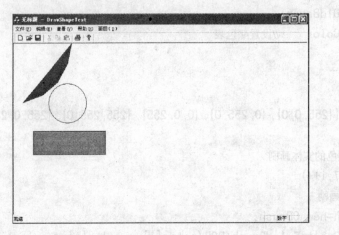

图 2.84　程序运行结果

实验步骤

（1）使用 Visual C++6.0，创建一个单文档应用程序 DrawShapeTest。

（2）单击 Recourse View 视图，选择 MENU 项，双击其下的 IDR_MAINFRAME 选项，打开菜单资源编辑器，添加主菜单"画图（&D）"，添加子菜单如图 2.85 所示。右键单击菜单项，设置菜单属性，在 Menu Item Properties 对话框的 Caption 框中输入菜单名称，在 ID 框中输入菜单相应的 ID 值，设置菜单属性如表 2.15 所示。

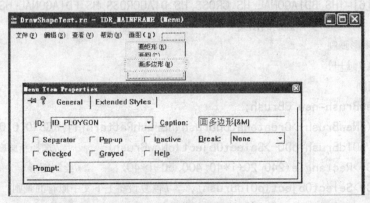

图 2.85　设置菜单属性对话框

表 2.15　　　　　　　　　　　　　设置菜单属性

ID	菜单标题	属性
—	画图（&D）	选中 Pop-up
ID_RECT	画矩形(&R)	默认
ID_OVAL	画圆(&C)	默认
ID_PLOYGON	画多边形(&M)	默认

（3）按 Ctrl+W 打开类向导 ClassWizard 对话框，在 CDrawShapeTestView 视图类中，分别为 ID 值为：ID_RECT、ID_OVAL、ID_PLOYGON 的三个菜单项添加 COMMAND 消息函数如图 2.86 所示，当用户选中相应菜单项时，会执行对应消息的函数体。

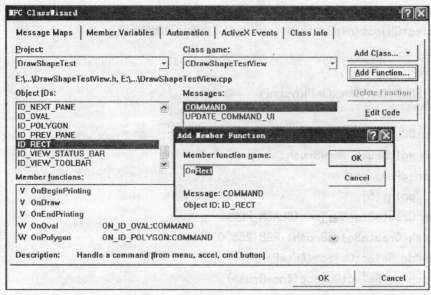

图 2.86　添加消息函数对话框

（4）依次对每个函数单击 Edit Code 按钮，分别添加菜单的消息函数，添加代码如下：

```
void CDrawShapeTestView::OnRect()    //画矩形
{
    CClientDC    dc(this);
    CBrush *oldBrush,newBrush;
    CPen *oldPen, newPen;
    newPen.CreateStockObject(BLACK_PEN);
    newBrush.CreateSolidBrush(RGB(0,255,0));
    oldPen=dc.SelectObject(&newPen);
    oldBrush=dc.SelectObject(&newBrush);
    dc.Rectangle(50,220,240,280);
    dc.SelectObject(oldPen);
```

```
    dc.SelectObject(oldBrush);      // 恢复系统默认的画笔画刷
}
void CDrawShapeTestView::OnOval()    //画圆
{
    CClientDC   dc(this);
    CBrush *oldBrush, newBrush;
    CPen *oldPen, newPen;      // 创建绘图工具（画笔，画刷）
    newPen.CreateStockObject(BLACK_PEN);
    newBrush.CreateSolidBrush(RGB(255,255,0));
    oldPen=dc.SelectObject(&newPen);
    oldBrush=dc.SelectObject(&newBrush);
    dc.Ellipse(90,100,190,200);    // 绘制黄色圆形
    dc.SelectObject(oldPen);
    dc.SelectObject(oldBrush);      // 恢复系统默认的画笔画刷
}

void CDrawShapeTestView::OnPloygon()    //画多边形
{
    CClientDC   dc(this);
    CBrush *oldBrush, newBrush;
    CPen *oldPen, newPen;
    POINT  point[5];
    newPen.CreateStockObject(BLACK_PEN);
    newBrush.CreateSolidBrush(RGB(255,0,0));
    oldPen=dc.SelectObject(&newPen);
    oldBrush=dc.SelectObject(&newBrush);
    for(int i=0;i<5;i++)
    {
      point[i].x=(long)(150*cos(i*36.0/320*pi));
      point[i].y=(long)(150*sin(i*36.0/320*pi));
    }
    dc.Polygon(point,5);
    dc.SelectObject(oldPen);
    dc.SelectObject(oldBrush);      // 恢复系统默认的画笔画刷
}
```

注意：在 DrawShapeTestView.cpp 文件头部添加如下语句：
```
#include"math.h"
#define  pi  3.1415926
```

（5）编译运行程序结果如图 2.84 所示。

实验 17　文 本 绘 制

目的要求
（1）掌握字体创建和文本输出的步骤及基本方法。
（2）了解创建文本的几种方式。
（3）掌握文本格式化输出的方法。

实验（1）

实验内容

在单文档应用程序 FontOutTest 中，显示如图 2.87 所示的运行效果，左对齐显示两行文本。

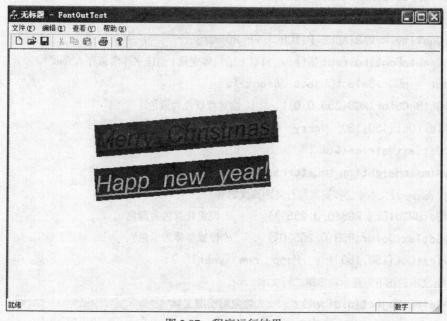

图 2.87　程序运行结果

实验步骤

（1）使用 Visual C++6.0，创建一个单文档应用程序 FontOutTest。
（2）打开工作区窗口中的 ClassView 页面，双击 CFontOutTestView 类下的 OnDraw 函数，在该函数体中加入如下代码，实现文本字体的创建、设置和输出。
void CFontOutTestView::OnDraw(CDC* pDC)
{

```
CFontOutTestDoc* pDoc = GetDocument();
ASSERT_VALID(pDoc);

CFont *oldfont, font;
TEXTMETRIC tm ;    // 存储字体格式化信息的变量
LOGFONT f;//逻辑字体变量
f.lfHeight = 45 ;    // 字体高度值
f.lfWidth = 0 ;      // 宽度将根据高度取默认最佳值
f.lfEscapement = 50 ;    // 字体与水平的倾斜度
f.lfWeight = 0 ;     // 字体质量取默认值
f.lfItalic = 1 ;     // 字体为斜体风格
f.lfUnderline = 1;   // 字体带有下画线
f.lfStrikeOut = 0;   // 字体不带中画线
f.lfCharSet = ANSI_CHARSET ;    // 字符集名称
f.lfOutPrecision = OUT_DEFAULT_PRECIS ;
f.lfClipPrecision = CLIP_DEFAULT_PRECIS ;
// 字符输出精度和裁剪精度都取默认值
f.lfQuality = VARIABLE_PITCH | FF_ROMAN;
font.CreateFontIndirect(&f);// 将以上结构体变量 f 创建字体信息存入 font
oldfont = pDC->SelectObject (&font );
pDC->SetBkColor(RGB(255,0,0));     // 设置背景色为蓝色
pDC->TextOut(150,130,"Merry Christmas!" );
pDC->GetTextMetrics(&tm);
int y=tm.tmHeight+tm.tmExternalLeading ;
//y 值代表第一行文本中字体高度与行间距高度之和
pDC->SetBkColor( RGB(0,0,255) ) ;    // 设置背景色为蓝色
pDC->SetTextColor(RGB(0,255,0)) ;    // 设置字体为绿色
pDC ->TextOut(150,150 + y,"Happ new year!" );
// 在第一行文本的正下方显示输出第二行文本
pDC ->SelectObject(oldfont);    // 恢复旧绘图工具
}
```

（3）编译运行程序结果如图 2.87 所示。

实验（2）

实验内容

在单文档应用程序 FontShowTest 中，使文本显示如图 2.88 所示的扇形输出效果。

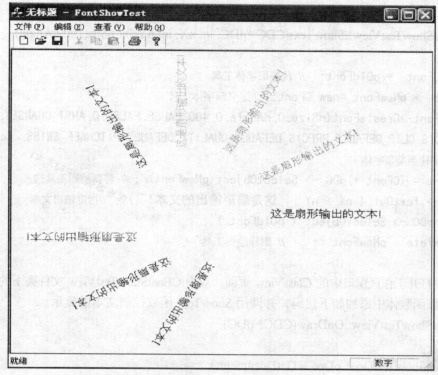

图 2.88　程序运行结果

实验步骤

（1）使用 Visual C++6.0，创建一个单文档应用程序 FontShowTest。

（2）打开工作区窗口中的 ClassView 页面，选中 CFontShowTestView 文件夹，单击鼠标右键，选择 Add Member Function 选项，为视图类添加一个保护型函数成员 ShowText(CDC*pDC,int nX,int nY,int nSize,int nAngle)，函数返回值类型为 void，如图 2.89 所示，该函数用于创建字体，指定输出的文本。

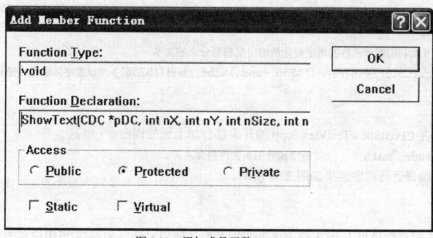

图 2.89　添加成员函数 ShowText

(3) 在 ShowText 函数体中加入如下代码：
```
void CFontShowTestView::ShowText(CDC *pDC, int nX, int nY, int nSize, int nAngle)
{
        CFont  * pOldFont;    // 代表旧字体工具
    CFont  * pNewFont =new CFont;   //定义新字体工具
    pNewFont->CreateFont(nSize, 0, nAngle, 0, 400, FALSE, FALSE, 0, ANSI_CHARSET, OUT_DEFAULT_PRECIS, CLIP_DEFAULT_PRECIS, DEFAULT_QUALITY, DEFAULT_PITCH&FF_SWISS, "Aerial");
        // 创建当前新字体
    pOldFont = (CFont *)pDC -> SelectObject(pNewFont) ; // 将新绘图工具选入
    pDC -> TextOut ( nX , nY ,"这是扇形输出的文本！" ) ; //指定输出文本
        pDC -> SelectObject ( pOldFont ) ;
       delete   pNewFont ;    // 删除绘图工具
    }
```
(4) 打开工作区窗口中的 ClassView 页面，双击 CFontShowTestView 文件夹下的 OnDraw 函数，在该函数体中添加如下代码，并调用 ShowText 函数控制文本的显示。
```
void CFontShowTestView::OnDraw(CDC* pDC)
{
    CFontShowTestDoc* pDoc = GetDocument();
    ASSERT_VALID(pDoc);
    int i;
CRect   rect;
GetClientRect(&rect) ;   // 获取客户区
CBrush  *pOldBrush=(CBrush *)pDC->SelectStockObject(WHITE_BRUSH); // 定义画刷
pDC -> Rectangle(rect) ;   // 将矩形客户区作为绘图区
pDC -> SelectObject(pOldBrush) ;
pDC -> SetViewportOrg(300, 300) ;   // 定义输出的视口原点坐标
for( i=0 ; i<9 ; i++ )
{  ShowText ( pDC , (int)100*cos(3.1415926/5.0*i) , (int)-100*sin(3.1415926/5.0*i) , 24 , 300*i) ;
        // 循环 9 次利用数学函数的角度变化值输出呈扇形分布的文本
pDC->SetTextColor(RGB(rand()%256, rand()%256, rand()%256));//设置字体颜色为随机色。
}
}
```
(5) 在 CFontShowTestView .cpp 的开头部分加上预处理命令：
    #include "math.h"   //将数学函数的头文件包含进来。
(6) 编译运行程序结果如图 2.88 所示。

实验（3）
实验内容
    在一个对话框模板上,引入代表各种不同类型的通用对话框的按钮,当用户单击其中某个按钮时,能弹出对应的通用对话框设置文本字体。如图 2.90 所示。

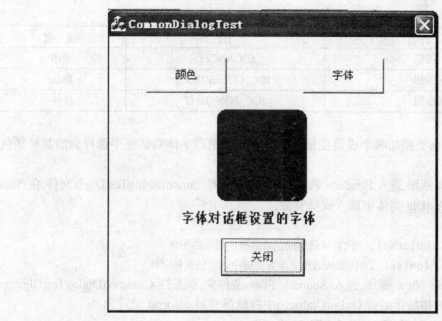

图 2.90　程序运行结果

实验步骤

（1）启动 Visual C++6.0，利用 MFC 向导建立一个基于对话框的应用程序 CommonDialogTest。

（2）利用对话框资源编辑器，按图 2.91 建立程序界面。

在控件工具条上依次将两个单选按钮控件拖入对话框界面上合适的位置，并删除原来界面上的默认按钮 IDOK，将 CANCEL 按钮的 Caption 属性改为"关闭"，将其他按钮的属性设置如表 2.16 所示。

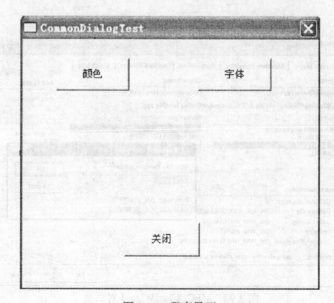

图 2.91　程序界面

表 2.16　　　　　　　　　　　　　　　控件属性

控　件	ID	标　题
按键按钮	IDCANCEL	关闭
按键按钮	IDC_COLORDLG	颜色
按键按钮	IDC_FONTDLG	字体

（3）为对话框类添加两个成员变量分别代表从颜色和字体对话框中选择到的某种颜色和字体。

打开 File View 视图,进入 Header Files 文件夹,双击 CommonDialogTestDlg.h 文件,在 class CCommonDialogTestDlg 类体中加入成员变量：

  public:
  COLORREF colorsel；//代表从通用颜色对话框中选取的颜色
  CFont   fontsel；//代表从通用字体对话框中选取的某种字体

（4）打开 File View 视图,进入 Source Files 文件夹,双击打 CommonDialogTestDlg.cpp 文件,在对话框类的初始化函数 OnInitDialog( )中将成员变量 colorsel 设置为 0。
BOOL CCommonDialogTestDlg::OnInitDialog()
{
  CDialog::OnInitDialog();
  ……
  // TODO: Add extra initialization here
  colorsel=0；　　//设置颜色初始值
  return TRUE；　// return TRUE　unless you set the focus to a control
}

（5）打开 MFC ClassWizard 对话框,依次为 CommonDialog 类中的"颜色"和"字体"按钮添加 BN_CLICKED 单击的响应消息,使用默认的消息映射函数，然后单击 OK 按钮,如图 2.92 所示。

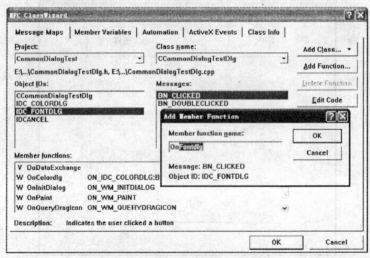

图 2.92　MFC ClassWizard 对话框

（6）在 MFC ClassWizard 对话框中单击 Edit Code 按钮，为新增的两个消息处理函数添加代码如下：

```cpp
void CCommonDialogTestDlg::OnColordlg()
{
    COLORREF   color;
    CString   str;
    CColorDialog   dlg(0, CC_FULLOPEN);
    if(dlg.DoModal())  //生成通用颜色对话框，并判断是否按下了确定按钮
    {
        color=dlg.GetColor();
        colorsel=dlg.GetColor();  //获取当前用户所选颜色
        str.Format("%x",color);  //将颜色的值表达成 16 进制数
        MessageBox(" 已取得颜色,值为 " + str, "选择颜色");
            //在消息框中输出当前颜色的值
        this->Invalidate();  //刷新绘图
    }
}

void CCommonDialogTestDlg::OnFontdlg()
{
    LOGFONT   font;
    CFontDialog   dlg;
    if(dlg.DoModal())  //生成通用字体对话框，并判断是否按下了确定按钮
    {
        CString   str=" 设置字体为 ";
        dlg.GetCurrentFont(&font);   //获取当前用户所选字体
        MessageBox(str+font.lfFaceName);  //在消息框中输出当前字体的信息
        fontsel.DeleteObject();
        fontsel.CreateFontIndirect(&font);  //创建用于绘图输出的字体
        this->Invalidate();    //刷新绘图
    }
}
```

（7）修改 CCommonDialogTestDlg 类的 OnPaint() 函数，实现对话框中对图形和文本的绘制效果，添加代码如下：

```cpp
void CCommonDialogTestDlg::OnPaint()
{   CPaintDC dc(this);
    if (IsIconic())
    {
    ……
    }
    else
```

```
{
    CBrush  newbrush;
    CBrush  *oldbrush;
    newbrush.CreateSolidBrush(colorsel);
    CFont  *old=dc.SelectObject(&fontsel);
    oldbrush=dc.SelectObject(&newbrush);
    dc.RoundRect(120,80,220,180,20,20);    // 绘制圆角矩形
    dc.SelectObject(&fontsel);    //将字体选入绘图环境中
    dc.SetTextColor(colorsel);
    dc.TextOut(80,190,"字体对话框设置的字体");    //进行文本的输出
    dc.SelectObject(oldbrush);
    dc.SelectObject(old);

    CDialog::OnPaint();
}
}
```

（8）运行程序即可得到如图 2.90 所示结果，当用户单击"颜色"按钮时，弹出通用颜色对话框如图 2.93 所示，选中某种颜色，单击"确定"按钮，对话框中文本和矩形的颜色会发生改变，当用户单击"字体" 按钮时，弹出对应的通用字体对话框如图 2.94 所示，选中某种字体、字形、大小，单击"确定"按钮，对话框界面上会显示出相应的文本字体。

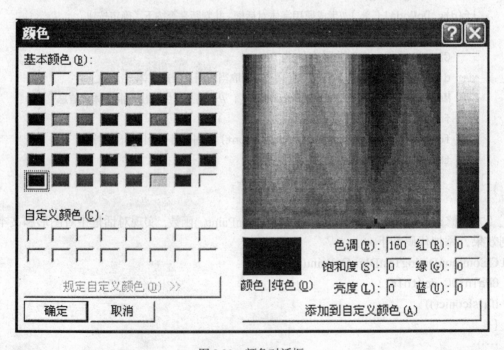

图 2.93 颜色对话框

第二部分 实验指导

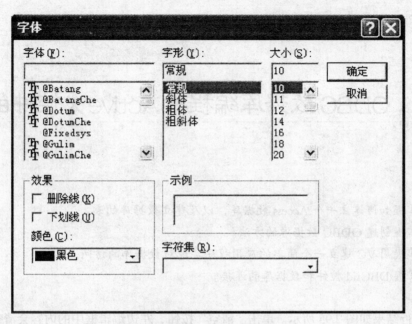

图 2.94 字体对话框

实验18　ODBC数据库编程和ActiveX控件的应用

目的要求

（1）掌握如何建立一个Access数据库，以及建立数据库的表。
（2）掌握创建ODBC数据源的方法。
（3）掌握用VC建立一个简单的应用程序实现对数据库的访问。
（4）掌握DBGrid控件和数据库的连接。

实验内容

程序运行结果如图2.95所示。单击"清空"按钮，左边编辑框中的内容会清空；在清空后的编辑框中输入信息，然后单击"添加"按钮可以添加数据到数据库；

单击"删除"按钮可以删除数据库中对应的信息；单击"显示全部学生信息"按钮会出现如图2.96所示对话框，可以显示数据库中所有学生信息。

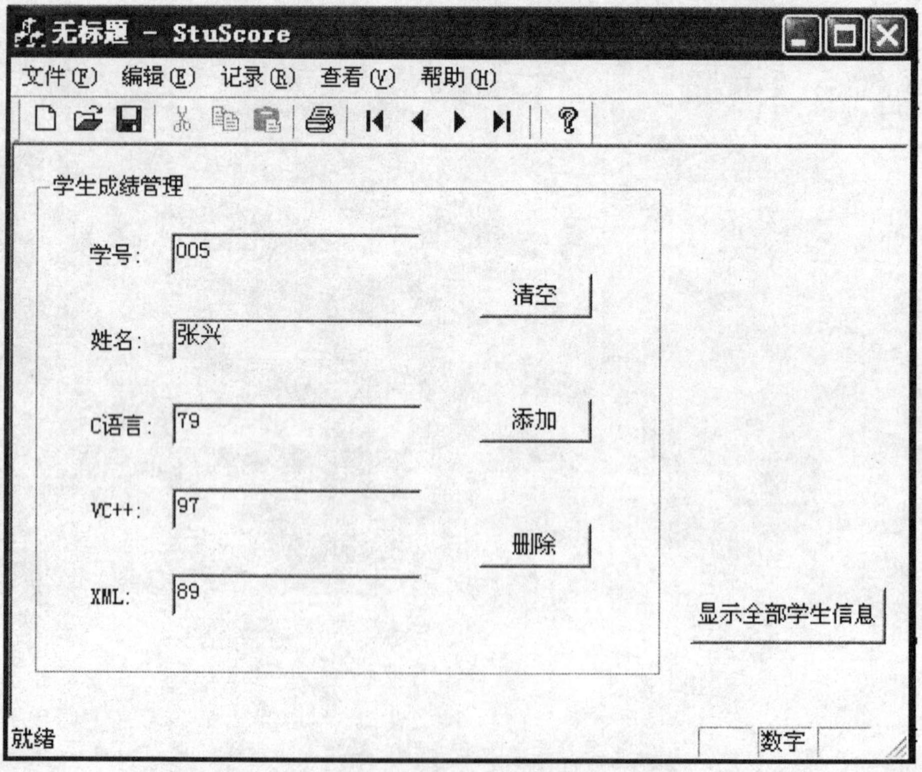

图2.95　程序运行结果

图 2.96 显示数据库中所有学生信息

实验步骤

（1）建立一个 Access 数据库以及数据库中的表。

① 打开"程序"中 Microsoft Office 中的 Microsoft Office Access 2003，单击"新建文件"按钮，弹出如图 2.97 所示对话框。

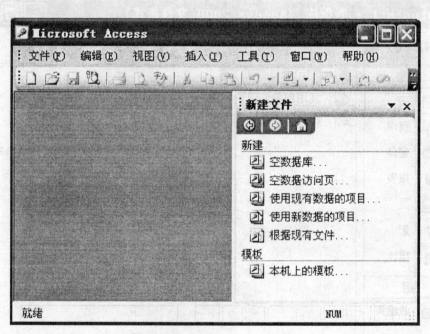

图 2.97 Microsoft Access 对话框

② 在对话框右边选择"空数据库"，弹出如图 2.98 所示"文件新建数据库"对话框，在文件名中输入"student.mdb"（也可以输入其他的名字，本程序的目的是显示学生的分数信息，所以建立数据库起名为 student），保存在 E 盘，单击"创建"按钮，弹出如图 2.99 所示创建表对话框。

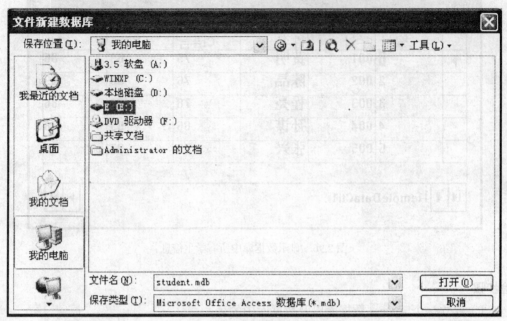

图 2.98 "文件新建数据库"对话框

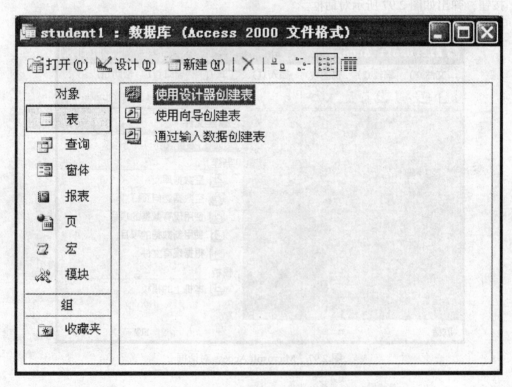

图 2.99 "Student1"对话框

③ 选择"使用设计器创建表",单击"设计"菜单,创建表结构,在表中输入 5 个字段如表 2.17 所示。

表 2.17　　　　　　　　　　　　学生成绩表结构

序号	字段名称	数据类型	字段大小
1	学号	文本	8
2	姓名	文本	8
3	C语言	数字	单精度
4	VC++	数字	单精度
5	XML	数字	单精度

然后，单击"文件"中"另存为"，在弹出的对话框中输入表名为：score，保存类型为"表"，在图 2.99 所示创建表对话框中有 score 表如图 2.100 所示。这样就建立了一个数据库 student，该数据库中有一个表 score，该表存放学生的分数信息。

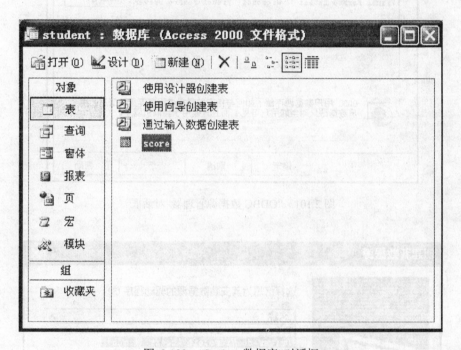

图 2.100　"Student:数据库"对话框

在图 2.100 所示的创建表对话框中选中表 score，单击"打开"菜单，添加记录如表 2.18 所示。

表 2.18　　　　　　　　　　　　score 表

编号	学号	姓名	C语言	VC++	XML
1	001	黄明	75	69	86
2	002	陈晶	76	68	69
3	003	程亮	78	78	86
4	004	孙谋	86	93	78
5	005	张兴	79	97	89
(自动编号)			0	0	0

（2）创建 ODBC 数据源。

单击"开始"选择"设置"，打开"控制面板"中"管理工具"，在其中打开"数据源"(ODBC)，弹出如图 2.101 所示"ODBC 数据源管理器"对话框。在其中选择"MS Access Database"，单击"添加"按钮，弹出如图 2.102 所示"创建新数据源"对话框。

图 2.101 "ODBC 数据源管理器"对话框

图 2.102 "创建新数据源"对话框

选择第二项"Driver do Microsoft Access (*.mdb)",单击"完成"按钮,在如图 2.103 所示对话框的"数据源名"中写入"学生分数信息";单击"选择",弹出"选择数据库"对话框如图 2.104 所示,选择上步所建的数据库 student(找到数据库所保存位置),单击"确定"按钮返回,然后单击"确定",创建 ODBC 数据源完成。

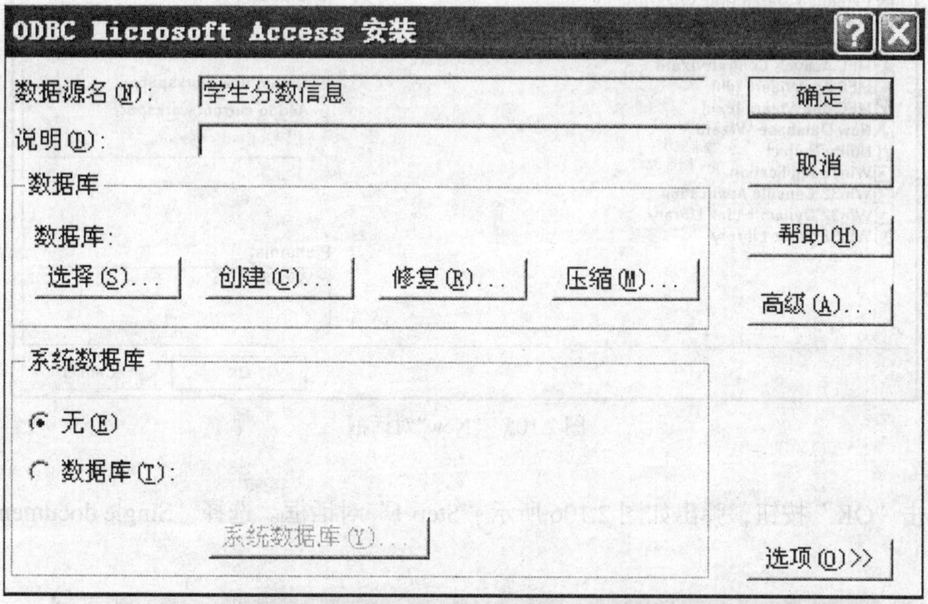

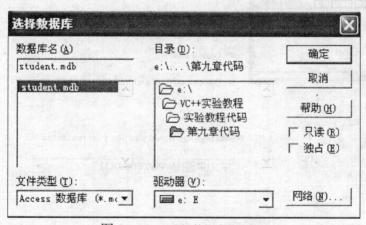

图 2.103　ODBC Microsoft Access 安装对话框

图 2.104　"选择数据库"对话框

(3)用 VC++6.0 建立一个简单的应用程序实现对数据库的访问。

① 建立应用程序框架。

启动 Visual C++6.0,单击"File"中的"New",在"New"对话框中,选择"Projects"选项卡,再选中"MFC AppWizard(exe)"选项,输入要建立的工程的名字 StuScore,选择保存位置如图 2.105 所示。

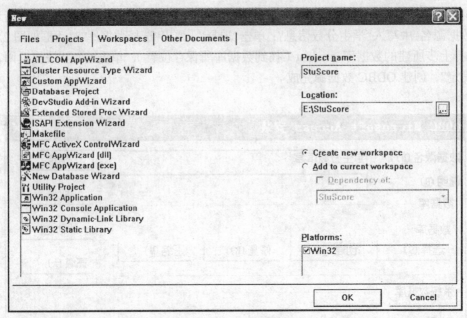

图 2.105 "New"对话框

单击"OK"按钮,弹出如图 2.106 所示"Step 1"对话框。选择"Single document"。

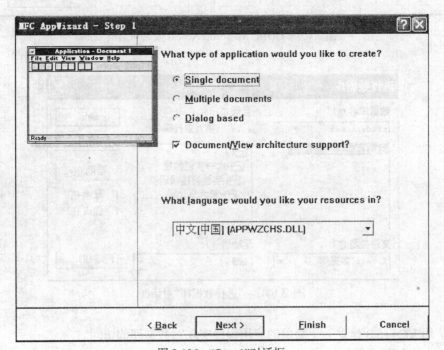

图 2.106 "Step 1"对话框

单击"Next"按钮,显示"Step 2"对话框如图 2.107 所示,选择其中的"数据库查看使用文件支持",单击"Data Source",出现如图 2.108 所示"Database Options"对话框。

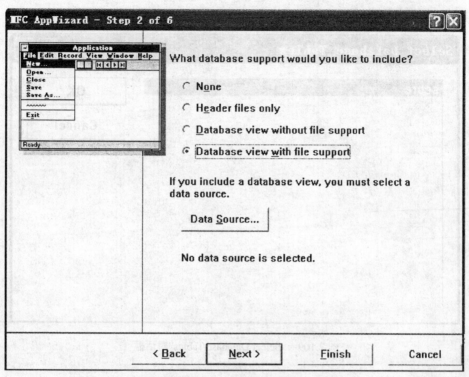

图 2.107 "Step 2" 对话框

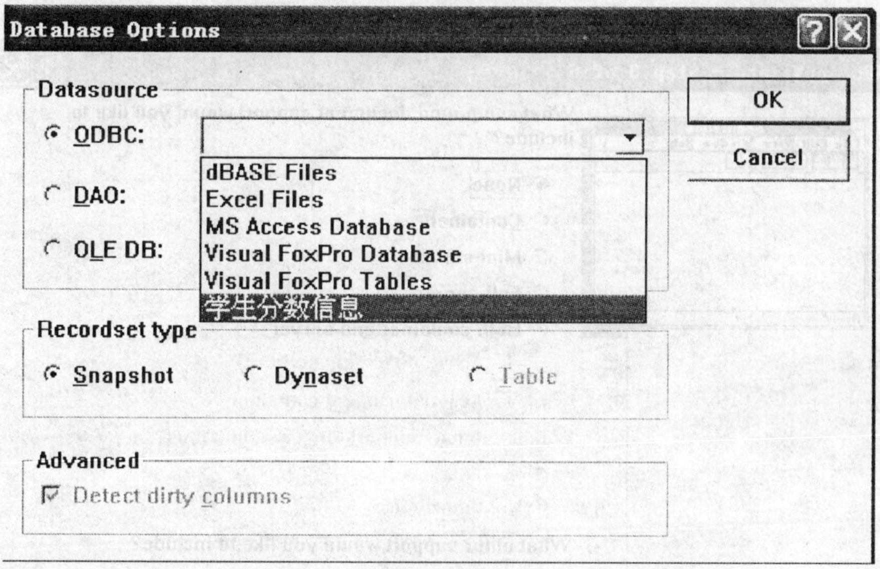

图 2.108 "Database Options"对话框

在如图 2.108 中的 ODBC 选项的下拉菜单中选择"学生分数信息",单击"OK"按钮,出现如图 2.109 所示"Select Database Tables"对话框,选择表"score",单击"OK"按钮,返回到 Step 2。

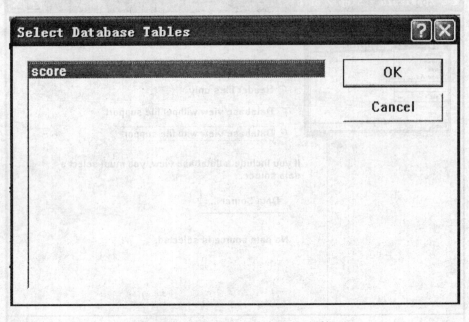

图 2.109 "Select Database Tables"对话框

单击"Next"按钮，出现如图 2.110 所示"Step 3"对话框，单击"Finish"按钮。应用程序的框架已经生成，编译运行程序结果如图 2.111 所示。

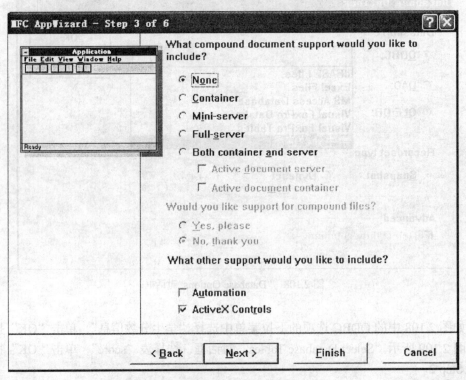

图 2.110 "Step 3"对话框

图 2.111　程序运行结果

② 向应用程序添加控件。

从上例可以看到，现在只是得到一个基本的框架，还不能显示实际的内容，下面就添加相关的控件来帮助我们显示实际的内容。

为对话框添加相应的控件如图 2.112 所示，添加控件 ID 及标题如表 2.19 所示。

图 2.112　添加对话框控件

③ 添加对话框资源。

接着单击"Insert"菜单，选择"Resource"，打开"Insert Resource"对话框如图 2.113 所示。

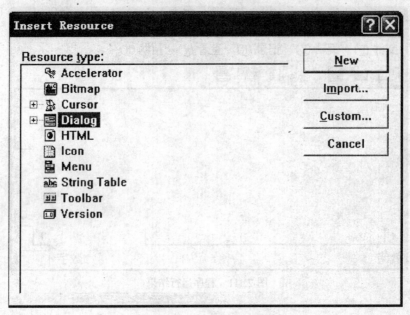

图 2.113 "插入资源"对话框

表 2.19 设置控件属性

控 件	ID	标 题
静态组框	IDC_STATIC	学生成绩管理
静态文本	IDC_STATIC	学号:
编辑框	IDC_StuNum	——
静态文本	IDC_STATIC	姓名:
编辑框	IDC_StuName	——
静态文本	IDC_STATIC	C 语言:
编辑框	IDC_StuC	——
静态文本	IDC_STATIC	VC++:
编辑框	IDC_StuVC	——
静态文本	IDC_STATIC	XML:
编辑框	IDC_StuXML	——
按钮	IDC_CLEAR	清空
按钮	IDC_ADDNEW	添加
按钮	IDC_DELETE	删除
按钮	IDC_SHDWALL	显示全部学生信息

单击"New",新建一个对话框,设置该对话框的 ID 为 IDD_DIALOG,删除默认的"OK"和"Cancel"按钮。为该对话框添加相应的类。步骤为:选中该对话框,单击"View"菜单,选择"ClassWizard"(建立类向导), 弹出如图 2.114 所示添加一个新类的对话框。

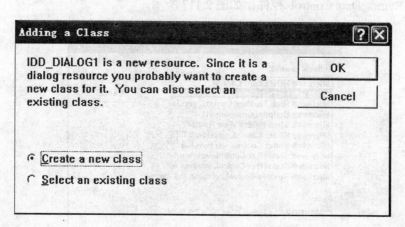

图 2.114　添加一个新类的对话框

单击"OK",在如图 2.115 所示的对话框中输入新类的名称 CShowDlg。单击"OK",添加新类完成。

图 2.115　新类对话框

④ 添加 Active X 控件。

添加 DBGrid Control 和 Microsoft RemoteData Control 控件,其中 DBGrid Control 用来显示数据,Microsoft RemoteData Control 用来连接数据库。具体步骤如下:

用鼠标右键单击 IDD_DIALOG 对话框模板,从弹出的快捷菜单中选择"Insert Active Control"命令,出现如图 2.116 所示的"Insert Active Control"对话框。分别添加 DBGrid Control

和 Microsoft RemoteData Control 控件，如图 2.117 所示。

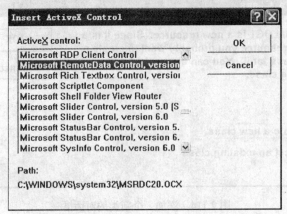

图 2.116 "Insert ActiveX Control" 对话框

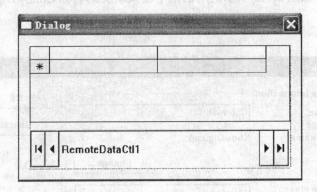

图 2.117 "Dialog"窗口

其中将 Microsoft RemoteData Control 控件的 Control 属性设置如图 2.118 所示。
DBGrid Control 控件的属性设置如下所示：
Caption：全部学生信息
DataSource：IDC_REMOTEDATACTL1（如图 2.119 所示）。
DefColWidth：62
RowHight：10

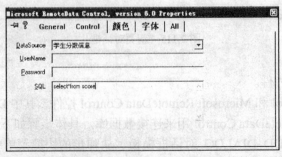

图 2.118 设置 Microsoft RemoteData Control 控件的属性

第二部分 实验指导

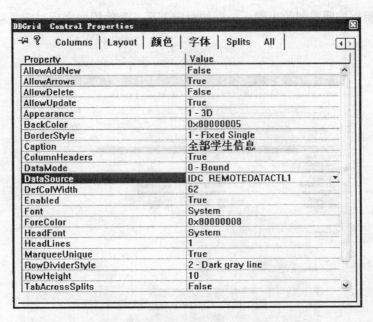

图 2.119 设置 DBGrid Control 控件属性

⑤ 添加成员变量表与数据库表对应字段的关联。

建立数据表中的字段和添加的编辑框之间的联系，按 Ctrl+W 组合键，打开 ClassWizard 类向导对话框，选择"Member Variable"选项卡，在"Class name"下拉列表框中选择"CStuscoreSet"，可以看到变量名和表对应字段的关系。

然后再在"Class name"下拉列表框中选择"CStuScoreView"，在"Controls IDs"列表中选择"IDC_StuNum"，单击"Add Variable"按钮，显示"Add Member Variable"对话框，在"Member Variable name"下拉列表框中，选择"m_pSet->m_column2"选项，如图 2.120 所示。

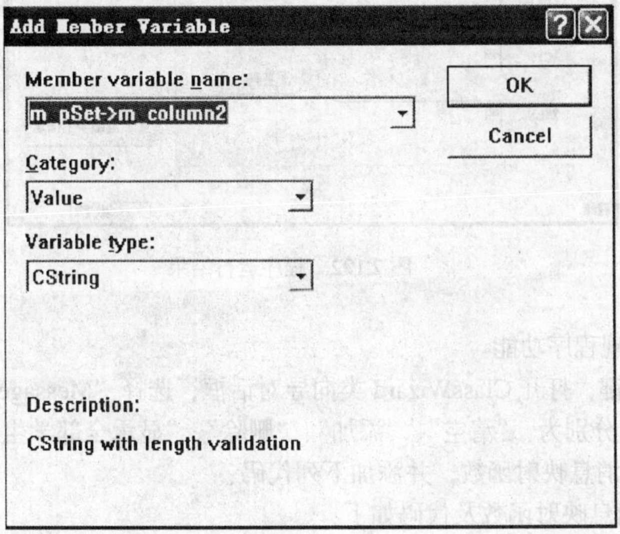

图 2.120 "Add Member Variable"对话框

其他的编辑框按照类似的步骤——添加对应关系，最后添加完后对应关系如图 2.121 所示。

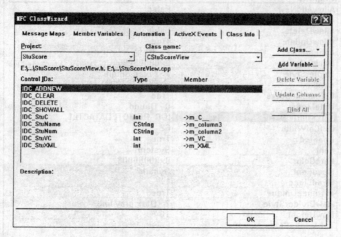

图 2.121　ClassWizard 类向导对话框

编译运行程序，单击"▶"（下一条记录）按钮，就可以浏览数据表中的内容，如图 2.122 所示。这样就可以逐个地查看数据库中学生信息。

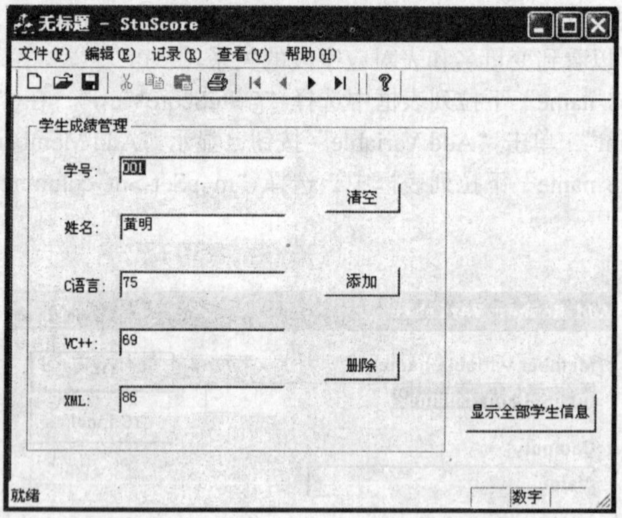

图 2.122　程序运行结果

⑥ 添加代码实现程序功能。

按 Ctrl+W 组合键，打开 ClassWizard 类向导对话框，选择"Message Maps"选项卡，在 CStuScoreView 类中分别为 "清空"、"添加"、"删除"、"显示全部学生信息" 按钮添加单击 BN_CLICKED 的消息映射函数，并添加下列代码：

"清空"按钮消息映射函数及代码如下：

void CStuScoreView::OnClear()

```
{
    m_pSet->SetFieldNull(NULL);
    UpdateData(FALSE);
}
```
"添加"按钮消息映射函数及代码如下:
```
void CStuScoreView::OnAddnew()
{
    m_pSet->AddNew();
    UpdateData(TRUE);
    if(m_pSet->CanUpdate())
    {
        m_pSet->Update();
    }
    m_pSet->Requery();
    UpdateData(FALSE);
}
```
"删除"按钮消息映射函数及代码如下:
```
void CStuScoreView::OnDelete()
{
   CRecordsetStatus status;
   try{
        m_pSet->Delete();
   }
catch(CDBException * e)
{
    AfxMessageBox(e->m_strError);
    e->Delete();
    m_pSet->MoveFirst();
    UpdateData(FALSE);
    return;
}
m_pSet->GetStatus(status);
if(status.m_lCurrentRecord==0)
    m_pSet->MoveFirst();
else
    m_pSet->MoveNext();
UpdateData(FALSE);
}
```
"显示全部学生信息"按钮消息映射函数及代码如下:
```
void CStuScoreView::OnShowall()
```

```
{
    CShowDlg dlg;
    dlg.DoModal();
}
```

注意：需要在 StuScoreView.cpp 文件开始处添加头文件：

`#include "ShowDlg.h"`

编译运行程序结果如图 2.95 所示。单击"清空"按钮，左边编辑框中的内容会清空；在清空后的编辑框中输入信息，然后单击"添加"按钮可以添加数据到数据库；单击"删除"按钮可以删除数据库中对应的信息。

单击"显示全部学生信息"按钮会出现如图 2.96 所示对话框。当单击"RemoteDataCtl1"控件中的显示下一条记录或上一条记录按钮，光标会自动跳到相应的记录中。

第三部分 练 习 题

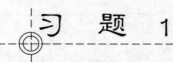

习 题 1

一、填空题。

1. C++语言的前身是___语言。
2. 在 C++中，若对 main 函数类型未加说明，则默认的返回值类型是___。
3. C++有两种类型的注释符，一种是 C 语言中使用的注释符___，另一种是___。
4. 进行输入和输出操作时 cin 和 cout 所包含的头文件是___。
5. sizeof(char)运算符计算的结果是___。
6. 设： int k=10; int &x=k; x=k+2; 则 k=___，x=___。
7. 设：
   　　int a =200;
   　　int *p=&a;
   　　int b=*p;
   　　则 b=___
8. 设：
   int a;
   int &b=a;
   a=10;
   b=a+2;
   则 a=___,b=___
9. 定义内联函数时必须注意，内联函数中一般不能包含___语句和___语句。
10. 以下程序执行后输出结果是：___。
```
#include<iostream.h>
#include<iomanip.h>
void main()
{
    int l=2;
    double h=3.333;
    double s=l*h/2;
    cout<<setw(3)<<s<<endl;
}
```
11. 以下程序通过调用子程序来求半径为 6 的圆的面积，请在横线出填入相应的内容，使其成为一个完整的程序。
#include<iostream.h>

```
int R;
double P=3.14;
void sayH()                    //定义函数 sayH()
{
    cout<<"Please input:"<<endl;
}

void input(int r)              //定义函数 input()
    {
        R=r;
    }

    void main()                //定义主函数 main()
    {
        ___;                   //在主函数中调用 sayH()函数
        ___;                   //在主函数中调用 input()函数
        void output()          //在主函数中声明 output()函数原型
        output();              //调用 output()函数
    }

    void output()              //定义函数 output()
    {
        double S=P*R*R;
        cout<< " The area is: " <<S<<endl;
    }
```

12. 若有如下 C++程序：
```
#include<iostream.h>
void A(int x,int y)
{
    int z;
    z=x;
    x=y;
    y=z;
}

void B(int &x,int &y)
{
    int z;
    z=x;
    x=y;
```

```
        y=z;
    }
    void main()
    {
        int a=2,b=3;
        A(a,b);
        cout<<a<< " , " <<b<< " , ";
        B(a,b);
        cout<<a<< " , " <<b<<endl;
    }
```
则该程序的运行结果为：___。

13. 若有如下 C++程序：
```
    #include<iostream.h>
    int R;
    double P=3.14;
    void sayH()
    {
        cout<< " Output S: " ;
    }
    void input(int r=3)
    {
        R=r;
        double S=P*R*R;
        cout<<S<< "    " <<endl;
    }
    void main()
    {
        sayH();
        input();
        input(2);
    }
```
则该程序的运行结果为：___。

14. 以下程序执行后输出结果是：___。
```
    #include<iostream.h>
    void Area(int x,int y)
    {
        int S=x*y;
        cout<<S<<"    ";
    }
    void Area(double x,double y)
```

```
        {
            double S=x*y/2;
            cout<<S<< "    ";
        }
        void Area(double x)
        {
            double S=3.14*x*x;
            cout<<S<< "    ";
        }
        void main()
        {
            Area(6,2);
            Area(1.1,2.2);
            Area(1.1);
        }
```
15. 以下程序执行后输出结果是：___。
```
    #include<iostream.h>
    void A(int i)
    {
        for(i;i>=1;i--)
        {   cout<<"* ";
            for(int j=1;j<=3-i;j++)
                cout<<" * ";
            cout<<endl;
        }
    }
    void main()
    {
    int a=3;
        A(a);
    }
```

二、选择题。

1. 下列说法错误的是（   ）。
    A. C++支持面向对象的程序设计方法
    B. C语言也支持向对象的程序设计方法
    C. C++首先是一个更好的 C，另外引入了类的机制，使其具备了面向对象的功能
    D. C++既可以用来编写系统软件，也可以用来编写应用软件
2. 下列说法错误的是（   ）。
    A. C++可与计算机硬件交流
    B. C++语言简洁、灵活、方便、表达能力强

C. C++可移植性好

D. C++是一种低级计算机语言

3. 若 x=2，y=3，则执行 cout<<x+y;与 cout<< " x+y " ;输出的结果分别为（   ）。

  A. 5 与 x+y   B. x+y 与 5

  C. 都是 5   D. 都是 x+y

4. 执行 cout<<setw(6)<<setprecision(5)<<5.666888<<endl; 输出的结果为（   ）。

  A. 6   B. 5   C. 5.666   D. 5.6669

5. get 函数与预定义提取符">>"相比（   ）。

  A. get 函数在读入数据时包含空格字符，而提取符在默认情况下不带空格字符

  B. get 函数在读入数据时不带空格字符，而提取符在默认情况下包含空格字符

  C. 两者在读入数据时都包含空格字符

  D. 两者在读入数据时都不带空格字符

6. 若有如下两段程序：

  程序（1）：
```
#include<iostream.h>
void main()
{
  char a[14];
  for(int i=0;i<14;i++)
  {
   a[i]=cin.get();
   cout<<a[i];
  }
  cout<<endl;
}
```

  程序（2）：
```
#include<iostream.h>
void main()
{
  char a[11];
  for(int i=0;i<11;i++)
  {
    cin>>a[i];
      cout<<a[i];
  }
  cout<<endl;
}
```

  分别在执行这两段程序时输入：I am a student↙，则输出结果分别为（   ）。

  A. 程序（1）：I am a student 程序（2）：Iamastudent

  B. 程序（1）：Iamastudent 程序（2）：I am a student

  C. 都为 Iamastudent

  D. 都为 Iamastudent

7. 以下关于 getline 函数的说法正确的是（　　）。
   A. 该函数从一个文件读字节到一个指定的存储器空间，要读的字节数由长度参数来确定
   B. 该函数的功能是从输入流中读取多个字符，并允许指定输入终止字符，完成读取后，在读取的内容中删除终止字符
   C. 该函数用来关闭与一个输入文件流关联的磁盘文件
   D. 该函数的功能与预定义提取符">>"类似，但 get 函数在读入数据时包含空格字符，而提取符在默认情况下不带空格字符

8. 若有如下程序：
   ```
   #include<iostream.h>
   void main()
   {
       char a[16];
       cin.getline(a,16,'e');
       cout<<a<<endl;
   }
   ```
   执行时输入：abcdefg↙，则输出结果为（　　）。
   A. abcd   B. a
   C. abcde   D. abcdef

9. 设 char ch; 以下正确的赋值语句是（　　）。
   A. ch='789';   B. ch='xAf';
   C. ch='\08';   D. ch='\';

10. 在 int a[6]={2,4,6};中，数组元素 a[1]的值是（　　）。
    A. 2   B. 4   C. 6   D. 8

11. 在 int b[][4]={{1},{2,3},{4,5,6},{7},{8}};中 a[2][2]的值是（　　）。
    A. 5   B. 3   C. 4   D. 6

12. 以下是对字符数组进行初始化的语句正确的是（　　）。
    A. char a1[]=" hijk " ;
    B. char a2[3]=" efg " ;
    C. char a3[][]={'x', 'y', 'z'};
    D. char s4[2][3]={ " abc " , " def " };

13. 已知 int n=9;int *p=&n;那么 *p 的值是（　　）。
    A. 9   B. 其他
    C. 变量 p 的地址值   D. 变量 n 的地址值

14. 设：int i=10;　int *p=&i;　int k=*p; 则 k 的值是（　　）。
    A. 变量 k 的地址值   B. 变量 i 的值
    C. 变量 p 的地址值   D. 变量 i 的地址值

15. 设：int　m=100; 下列定义引用的方法中，（　　）是正确的。
    A. float &n=&m;   B. int &n; n=m;
    C. int &n=100；   D. int &n=m;

16. 当一个函数没有返回值时，函数返回值的类型应定义为（　　）。

A. void   B. int   C. char   D. float

17. 下列说法错误的是（ ）。

    A. C++程序可以由一个主函数和若干子函数构成
    B. 调用其他函数的函数称为主调函数
    C. 被其他函数调用的函数称为被调函数
    D. 如果一个函数调用了其他函数，则它不能再被另外的函数调用

18. 下列说法正确的是（ ）。

    A. 若被调函数的返回值需要返回给主调函数，则由被调函数中的 return 语句给出
    B. 若被调函数的返回值需要返回给主调函数，则由主调函数中的 return 语句给出
    C. 若被调函数无返回值，则被调函数的函数体中同样必须写 return 语句
    D. 若被调函数无返回值，则被调函数的返回值类型为 int

19. 若有如下程序：

    ```
    #include<iostream.h>
    void A( )
    {
        …
    }
    void main()
    {
        …
        A( );
        …
    }
    ```

    则下列说法正确的是（ ）。

    A. 函数 A 是主调函数，函数 main 是被调函数
    B. 函数 main 是主调函数，函数 A 是被调函数
    C. 函数 A 是有参函数，函数 main 是无参函数
    D. 函数 A 是无参函数，函数 main 是有参函数

20. 若有如下程序：

    ```
    #include<iostream.h>
    void A()
    {
        cout<<"The value is:";
    }
    int B(int a,int b)
    {
        int c=a+b;
        return (c);
    }
    void main()
    ```

```
        {
            A();
            cout<<B(2,3)<<endl;
        }
```
则该程序运行结果为（　　）。
 A. 无结果   B. The value is:
 C. The value is:5   D. 5

21. 下列说法正确的是（　　）。
 A. 函数调用时，若使用值调用，则对形参的任何操作都会作用于实参
 B. 函数调用时，若使用引用调用，则对形参的任何操作都会作用于实参
 C. 函数调用时，无论使用值调用还是引用调用，对形参的任何操作都会作用于实参
 D. 函数调用时，无论使用值调用还是引用调用，对形参的任何操作都不会作用于实参

22. 若有如下程序：
```
        #include<iostream.h>
        void X(int a,int b)
        {
            a=6;
            b=6;
        }
        void main()
        {
            int A=2;
            int B=3;
            X(A,B);
            cout<<A<<","<<B<<endl;
        }
```
则该程序运行结果为（　　）。
 A. 2,3   B. 3,2   C. 2,6   D. 6,6

23. 若有如下程序：
```
        #include<iostream.h>
        void X(int &a,int &b)
        {
            a=6;
            b=6;
        }
        void main()
        {
            int A=2;
            int B=3;
            X(A,B);
```

```
        cout<<A<<","<<B<<endl;
    }
```
    则该程序运行结果为（　　）。
        A. 2,3   B. 3,2   C. 2,6   D. 6,6
24. 通常将下列哪种函数设计成内联函数（　　）。
    A. 功能简单、规模较小且使用频繁的函数   B. 主调函数
    C. 被调函数   D. 既是主调函数又是被调函数的函数
25. 下列有关内联函数的说法错误的是（　　）。
    A. 内联函数内一般不能有循环语句
    B. 内联函数内一般不能有 switch 语句
    C. 内联函数的定义必须出现在第一次被调用前
    D. 内联函数的定义不一定出现在第一次被调用前
26. 若有如下程序：
```
    #include<iostream.h>
    inline int NewValue(int x,int y)
    {
        return x*y;
    }
    inline void show()
    {
        cout<<"The value is:";
    }
    int TotalValue(int z)
    {
        return 3*z;
    }
    void main()
    {
        int value,Tvalue,a(2),b(3);
        show();
        value=NewValue(a,b);
        Tvalue=TotalValue(value);
        cout<<Tvalue<<endl;
    }
```
    则该程序运行结果为（　　）。
        A. The value is:2   B. The value is:3
        C. The value is:6   D. The value is:18
27. 如果在定义函数时，定义了默认的形参值，则（　　）。
    A. 调用该函数时如果给出实参，则依然采用默认形参值
    B. 调用该函数时如果没有给出实参，则采用默认形参值

C. 调用该函数时如果没有给出实参，则无形参值
D. 调用该函数时如果给出实参，则无形参值

28. 下列函数在定义时定义了默认的形参值，其中正确的是（   ）。
    A. int X(int a=2,int b)
    B. int Y(int a,int b=3)
    C. int Z(int a=6,int b,int c=8)
    D. int R(int a=8,int b,int c)

29. 下列有关定义函数默认形参值的说法正确的是（   ）。
    A. 在有默认值的形参左边不能出现无默认值的形参
    B. 在有默认值的形参右边不能出现无默认值的形参
    C. 在相同的作用域内，默认形参值的定义可以不惟一
    D. 在不同的作用域内，默认形参值的定义必须惟一

30. 若有如下程序：
    ```
    #include<iostream.h>
    inline int NewValue(int x=2,int y=3)
    {
        return x*y;
    }
    int TotalValue(int z=6)
    {
        return 3*z;
    }
    void main()
    {
        int value1,Tvalue1,value2,Tvalue2,a(1),b(2);
        value1=NewValue();
        Tvalue1=TotalValue();
        cout<<Tvalue1<<",";
        value2=NewValue(a,b);
        Tvalue2=TotalValue(value2);
        cout<<Tvalue2<<endl;
    }
    ```
    则该程序运行结果为（   ）。
    A. 6,6   B. 6,18   C. 18,6   D. 18,18

31. 若有如下程序：
    ```
    #include<iostream.h>
    inline int NewValue(int x,int y=3)
    {
        return x*y;
    }
    ```

```
        int TotalValue(int z=6)
        {
            return 3*z;
        }

        void main()
        {
            int value1,Tvalue1,value2,Tvalue2,a(1),b(2);
            value1=NewValue(a);
            Tvalue1=TotalValue(value1);
            cout<<Tvalue1<<",";
            value2=NewValue(a,b);
            Tvalue2=TotalValue(value2);
            cout<<Tvalue2<<endl;
        }
```
则该程序运行结果为（   ）。
　　A. 9,6　　　　　　B. 6,9　　　　　　C. 6,6　　　　　　D. 9,9

32. 下列有关函数重载的说法正确的是（   ）。
　　A. 函数重载是指两个或两个以上的函数取相同的函数名，但形参的类型或个数不同
　　B. 函数重载是指两个或两个以上的函数取相同的函数名，且形参的类型及个数相同
　　C. 函数重载是指两个函数取相同的函数名，但形参的类型或个数不同
　　D. 函数重载是指两个函数取相同的函数名，且形参的类型及个数相同

33. 函数重载后（   ）。
　　A. 系统编译器将无法选择调用其中的最合适的函数
　　B. 系统编译器根据实参和形参的类型自动选择调用其中的最合适的函数
　　C. 系统编译器根据实参和形参的个数自动选择调用其中的最合适的函数
　　D. 系统编译器根据实参和形参的类型和个数自动选择调用其中的最合适的函数

34. 如定义了函数 int X(int a)，则下列函数中，可以在同一系统中加以重载的是（   ）。
　　A. int Y( )　　　　　　　　　　　　B. int Z(int b)
　　C. int X(double a,double b)　　　　　D. int K(int a)

35. 若有如下程序：
```
        #include<iostream.h>
        void value(int x,int y)
        {
            int S=x+y;
            cout<<S<<",";
        }

        void value(double x,double y)
```

```
            double S=x+y;
            cout<<S<<endl;
        }
        void main()
        {
            value(3,2);
            value(2.2,3.3);
        }
```
则该程序运行结果为（　）。
  A. 5，5.5   B. 5.5，5   C. 3，2   D. 2.2，3.3

36. 若有如下程序：
```
    #include<iostream.h>
    void value(int x,int y)
    {
        int S=3*(x+y);
        cout<<S<<",";
    }
    void value(int x)
    {
        double S=3*x;
        cout<<S<<endl;
    }
    void main()
    {
        value(3,2);
        value(2);
    }
```
则该程序运行结果为（　）。
  A. 15，15   B. 6，6   C. 15，6   D. 6，15

37. 若有如下程序：
```
    #include<iostream.h>
    void A(int a,int b,int c,int d)
    {   int y=10;
        if(!a)     d=d-10;
        else if(b)
            if(c)     y=20;
            else y=30;
        cout<<"d="<<d<<" "<<"y="<<y<<endl;
    }
```

```
   void main()
   {  int i=0,j=1,k=0,m=30;
      A(i,j,k,m);
   }
```
则该程序运行结果为（   ）。
   A. d=20，y=10   B. d=20，y=20   C. d=20，y=30   D. d=30，y=10

38. 若有如下程序：
```
   #include<iostream.h>
   void main( )
   {
     int a=1,b=0;
         switch(a)
         {
           case 1:
                 switch(b)
                {
                   case 0:cout<<"C ";
                   case 1:cout<<"++ ";break;
                   case 2:cout<<"M ";break;
                }
               case 2:cout<<"程序\n";
         }
   }
```
则该程序运行结果为（   ）。
   A. C   程序   B. C ++ 程序
   C. M   程序   D. C ++ M 程序

39. 若有如下程序：
```
   #include<iostream.h>
   void main( )
   {
     char c='a';
     int a=0;
     do
     {
         switch(c++)
         {   case 'a': a++;
             case 'b': a--;
             case 'c': a++;    break;
          case 'd': a%=2; continue;
          case 'e': a*=2; break;
```

```
            default:    a/=2;
        }
        a++;
    }while(c<'f');
    cout<<"a="<<a<<endl;
}
```
则该程序运行结果为（ ）。
A. 1　　　　　B. 2　　　　　C. 3　　　　　D. 9

40. 若有如下程序：
```
#include<iostream.h>
void main()
{
  int i,j,sum=0;
  for(i=1;i<9;i++)
    for(j=0;j<9;j++)
      if(i!=j)    continue;
      else    sum++;
cout<<"sum="<<sum<<endl;
}
```
则该程序运行结果为（ ）。
A. 1　　　　　B. 2　　　　　C. 9　　　　　D. 8

41. 若有如下程序：
```
#include<iostream.h>
void P(int *p1,int *p2,int *p3)
{
    cout<<*(p1++)<<","<<++*p2<<","<<++*p3<<endl;
}

void main( )
{
  int x=20,y=30,z=40;
  P(&x,&y,&z);
  P(&x,&y,&z);
}
```
则该程序运行结果为（ ）。
A.　20　31　41　　　　　　　B.　21　31　41
　　20　32　42　　　　　　　　　21　32　42
C.　21　30　40　　　　　　　D.　20　30　41
　　21　31　41　　　　　　　　　20　30　40

42. 若有如下程序：

```
#include<iomanip.h>
inline void value(int x)
{
    int s=6*x;
    cout<<s<<",";
}

inline void value(double &x)
{
    double s=2*x;
    cout<<s<<endl;
}

void main()
{
    int a=3;
    double b=3.3;
    value(a);
    value(b);
}
```
则该程序运行结果为（　）。
A. 18，6.6　　　B. 18，18　　　C. 6.6，6.6　　　D. 6.6，18

43. 若要使如下程序的运行结果为"2,2"：
```
#include<iostream.h>
_____
{
    a=2;
    b=2;
}
void main()
{
    int A=6;
    int B=8;
    X(A,B);
    cout<<A<<","<<B<<endl;
}
```
则在横线处应填入（　）。
A. void X(int a,int b)
B. void X(int &a,int &b)
C. void X(int a,int b)或 void X(int &a,int &b)
D. int X(int &a,int &b)

44. 若有如下程序：

```
#include<iostream.h>
int A,B,S;
void input(int a=2,int b=3)
{
    A=a;
    B=b;
}
void output()
{
    S=A*B;
    cout<<S<<" ";
}
void show()
{
    void input(int a=5,int b=6);
    input();
    output();
}
void main()
{
    input();
    output();
    input(3,6);
    output();
    show();
    cout<<endl;
}
```
则该程序运行结果为（   ）。

A. 18　6　30　　　　　　　　　B. 6　　6　　6
C. 6　18　30　　　　　　　　　D. 18　18　18

45. 若有如下程序：
```
#include<iostream.h>
void output(int s)
{
    int S=s;
    cout<<S<<" ";
}
void output(double s)
{
    double S=s;
```

```
            cout<<S<<" ";
        }
        void value(int a,int b)
        {
            int A=a;
            int B=b;
            int S=A*B;
            output(S);
        }
        void value(double a,double b)
        {
            double A=a;
            double B=b;
            double S=A*B;
            output(S);
        }
        void value(int a)
        {
            int A=a;
            int S=A*A;
            output(S);
        }
        void show()
        {
            value(6);
        }
        void main()
        {
            value(1.1,2.0);
            value(3,6);
            show();
            cout<<endl;
        }
```
   则该程序运行结果为（　　）。
   A. 18   36   2.2
   B. 2.2   18   36
   C. 2.2   36   18
   D. 18   2.2   36

46. 以下程序用来计算 1+2+3+…+n 的值，其中 n 的值由键盘输入：
```
    #include<iostream.h>
    int A(int n)
    {
```

```
            int S=0;
            while(n>=1)
            {
               S=___;
                ___;
            }
            return(S);
        }
        void main()
        {
            int N;
            cin>>N;
            cout<<A(N)<<endl;
        }
```
则在横线处分别应填入（   ）。
A. S+n   n--   B. n   n--
C. n--   S=n   D. n   S=n

47. 运行以下程序
```
        #include<iostream.h>
        int A(int a,int b)
        {
            int S=1;
            while(b>=1)
            {
               S=S*a;
               b--;
            }
            return(S);
        }
        void main()
        {
            int x,y;
            cin>>x>>y;
            cout<<A(x,y)<<endl;
        }
```
通过键盘输入"2 3"并按下回车键后，屏幕显示的运行结果为（   ）。
A. 2--   B. 3-   C. 9   D. 8

48. 以下程序用来求方程组

$\begin{cases} y=2x & (x<0) \\ y=6 & (x=0) \\ y=3x+2 & (x>0) \end{cases}$，其中 x 的值由键盘输入。

```
#include<iostream.h>
double A(double x)
{
    double y;
    if(x<0)
        ___;
    else if(x>0)
        ___;
    else
        ___;
    return(y);
}
void main()
{
    double a;
    cin>>a;
    cout<<A(a)<<endl;
}
```
则在横线处分别应填入（   ）。
A. y=2*x   y=6   y=3*x+2   B. y=2*x   y=3*x+2   y=6
C. y=6   y=3*x+2   y=2*x   D. y=6   y=2*x   y=3*x+2

49. 若有以下程序：
```
#include<iostream.h>
void A(int x)
{
    cout<<x++<<" ";
    cout<<x++<<" ";
    cout<<++x<<" ";
    cout<<x++<<" ";
    cout<<++x<<endl;
}
void main()
{
    int a=2;
    A(a);
}
```
则运行后的结果为（   ）。
A. 2 3 5 5 7   B. 3 4 5 6 7
C. 2 2 2 2   D. 2 3 4 5 6

50. 若有以下程序：

```
#include<iostream.h>
void f(char **p)
{
    ++p;
    p++;
    cout<<*p<<endl;
}
void main( )
{
  char *a[ ]={"ABCDEF","GHIJKLMN","OPQRST"};
  char **pt;
   pt=a;
   f(pt);
}
```
则运行后的结果为（ ）。
A. ABCDEF   B. GHIJKLMN
C. OPQRST   D. ABCDEFGHIJKLMN

三、改错题。

1. 若有如下程序：
```
#include<iostream.h>
void A(int x)
{
    cout<<x++<<" ";
    cout<< ++x <<" ";
    cout<<x--<<" ";
    cout<<x++<<" ";
    cout<<x++<<endl;
}
void main()
{
    double a=2;
    A(a);
}
```
若希望运行结果为：
2 3 5 5 5
则应该如何修改该程序？

2. 若有如下程序：
```
#include<iostream.h>
void input(int a,int b)
{
```

```
        int L,W;
        L=a;
        W=b;
    }

    void main()
    {
        sayH();
        int A,B;
        cout<< " Please input: " <<endl;
        cin>>A>>B;
        input(A,B);
        void output();
        output();
    }

    void output()
    {
        int S;
        S=L*W;
        cout<< " The area is:  " <<S<<endl;
    }
```
该程序执行时显示：
   Please input:
   输入：
   6 8↙
但运算时却出现了错误，请改正该程序中的错误。

3. 若有如下程序：
```
#include<iostream.h>
//定义用来计算三角形面积的函数 Area()，形参为 int 型，有两个形参
void Area(int x,int y)
{
    int S=x*y/2;
    cout<<S<<endl;
}
//定义用来计算长方形面积的函数 Area()，形参为 double 型，有两个形参
void Area(double x,double y)
{
    double S=x*y;
    cout<<S<<endl;
```

```
        }
        void main()              //主函数
        {
            Area(3.3,2.2);       // 调用 Area()函数计算三角形面积
            Area(6,8);           // 调用 Area()函数计算长方形面积
        }
```
该程序运行后并未得到我们所想要的结果，若要得到正确的结果应如何修改本程序？

4. 有如下程序：
```
void temp(int const *x, int const *y)
{
    int t;
    t=*x;
    *x=*y;
    *y=*t;
}
```
指出错误并改正。

5. 下面函数有什么错误吗？
```
double volume(double L,double W=6,double H)
{
    return L*W*H;
}
```

四、编程题。

1. 输出 1 至 100 之间不能被 7 整除的数。

2. 定义一个函数 ADD，该函数用来计算 1+2+3+…+100，然后在主函数中调用该函数。

3. 重载函数 ADD，分别实现整数相加、双精度数相加，然后在主函数中分别调用它们。

五、思考题。

1. 编写一个程序在屏幕上输出"欢迎使用 C++语言程序设计！"。
2. 编写一个程序输入 2 个实数，计算并输出这 2 个数的和。
3. 编写一个程序输入圆球的半径，计算圆球的面积和体积。
4. 编写一个程序输入年、月，输出该年该月的天数。
5. 编写一个程序求 100 之内的自然数中被 13 整除的最大数。
6. 编写一个程序求出所有的"水仙花数"。"水仙花数"是指一个三位数，其各位数字的立方和恰好等于该数本身。例如 153=1*1*1+5*5*5+3*3*3，所以 153 是"水仙花数"。
7. 编写一个程序输入年份，判断该年份是否闰年并输出。

8. 编写一个程序求一元二次方程 $ax^2+bx+c=0$ 的根。

9. 编写一个程序求方程组 $y=\begin{cases} 2x^2+6x+8 \\ 6x^2 \\ 6x+8 \end{cases}$

10. 重载函数 A，分别实现两个整数相乘和求一个正整数的阶乘，然后在主函数中分别调用它们。

习 题 2

一、填空题。

1. 若有如下的一个类：
   class human
   {
   public:
       void input(char newname[3],int newage,char newsex);
       void output();
   private:
       char name[3];
       int age;
       char sex;
   };
   则类名为____,成员函数为____,数据成员为____,其中____的访问控制属性为公有类型，____的访问控制属性为私有类型。

2. 若有以下 C++程序：
   #include<iostream.h>
   class A
   {
   public:
       void input(int x,int y)
       {
           X=x;
           Y=y;
       }
       void output()
       {
           SUM=X+Y;
           cout<<SUM<<endl;
       }
   private:
       int X,Y,SUM;
   };

```
    void main()
    {
    A a;
    int c1=2,c2=3;
    a.input(c1,c2);
    a.output();
    }
```
则运行结果为___。

3. 以下程序使用构造函数实现两个整数的相加,请联系程序的上下文在横线上添加相应的内容,使该程序完整。

```
#include<iostream.h>
class A
{
public:
    A (int x,int y);
    ~A();
void output()
{
    cout<<SUM<<endl;
}
private:
    int X,Y,SUM;
};
___            //构造函数的具体实现
{
    X=x;
    Y=y;
    SUM=X+Y;
}
___            //析构函数的具体实现
{
    cout<<SUM<<endl;
}
void main()
{
    A a(2,3);
    a.output();
}
```

4. 新的类从已有的类那里得到已有的特性,我们称之为类的___。
5. 类的继承方式为保护继承时,基类的公有成员和保护成员在派生类中访问属性都变为___。

6. 若将共同基类设置为虚基类，则从不同路径继承来的同名数据成员在内存中有____个拷贝，同名函数也只有___个映射。
7. 类中允许有三种访问控件权限的数据分别为___、___、___。
8. 类中成员默认访问控件权限为___。
9. 在类的定义中不能对数据成员进行初始化，为了能在对象建立时自动给数据成员初始化。要使用类的特殊成员函数___。
10. 每一个类只有___个析构函数。
11. 以下类包含二个私有数据：n93，n90（分别代表 93#汽油和 90#汽油）已知它们单价为 24 元/升和 19 元/升，用来计算所加汽油的总价的函数为 Getm，显示价钱的为 Show，试补充此程序，使之能显示某次加油后的总价。

```
#include<iostream.h>
class Total
{
private:
    float n93,n90,m;
public:
    Total(float x,float y)
    {    n93=x;    n90=y;    }
float Getm()
{      ①      }
void Show()
{ cout<<m<<endl; }
};
void main( )
{   Total A(2.5,1.0);
    cout<<A.Getm()<<endl;
        ②
}
```

二、选择题。
1. 在进行类的声明时（　　）。
    A. public 表示访问控制属性为公有类型
    B. protected 表示访问控制属性为公有类型
    C. protected 表示访问控制属性为私有类型
    D. private 表示访问控制属性为保护类型
2. 下列说法错误的是（　　）。
    A. 任何来自类外部的访问都必须通过外部接口来进行
    B. 私有类型的成员只允许本类内部的成员函数来访问
    C. 公有类型的成员允许来自类外部的访问
    D. 私有类型的成员允许来自类外部的访问
3. 若有如下的一个类：

```
class A
{
  public:
    void sum(int x,int y,int z);
    void show();
  private:
    int X,Y;
  protected:
    int Z;
};
```
则（　　）。
  A. sum 和 show 是类 A 的私有类型成员
  B. X、Y 和 Z 都是类 A 的私有类型成员
  C. sum 和 show 都是类 A 的公有类型成员
  D. X、Y 和 Z 都是类 A 的保护类型成员

4. 下列说法正确的是（　　）。
  A. 类中的数据成员只能被声明为私有类型
  B. 类中的函数成员只能被声明为公有类型
  C. 类中成员函数的具体实现可以定义在类的外部
  D. 类中成员函数的具体实现只能定义在类的内部

5. 若有如下的一个类：
```
class X
{
  public:
    void total(int a,int b,int c);
    void output();
  private:
    int A,B;
  protected:
    int C;
};
```
则（　　）。
  A. total 和 output 都是类 X 的数据成员，A、B 和 C 都是类 X 的函数成员
  B. total 和 output 都是类 X 的函数成员，A、B 和 C 都是类 X 的数据成员
  C. total、output、A、B 和 C 都是类 X 的函数成员
  D. total、output、A、B 和 C 都是类 X 的数据成员

6. 若有如下程序：
```
#include<iostream.h>
class ADD
{
```

```
    public:
        void total(int a,int b);
        void output();
    private:
        int A,B,S;
};
void ADD::total(int a,int b)
{
    A=a;
    B=b;
    S=A+B;
}
void ADD::output()
{
    cout<<S<<endl;
}
void main()
{
    ADD myADD;
    myADD.total(3,6);
    myADD.output();
}
```

则对程序中的 myADD 的描述正确的是（　　）。
　A．是一个新的类
　B．是类 ADD 中的一个函数成员
　C．是类 ADD 中的一个数据成员
　D．是类 ADD 中的一个对象
7．第 6 题中程序的运行结果为（　　）。
　A．9　　　　　　B．3　　　　　　C．6　　　　　　D．18
8．若有如下程序：
```
#include<iostream.h>
class ADD
{
public:
    void total(int a,int b);
    void output();
    int S;
private:
    int A,B;
};
```

```
        void ADD::total(int a,int b)
        {
           A=a;
           B=b;
           S=A+B;
        }

        void ADD::output()
        {
           cout<<S<< "   " ;
        }
        void M(int x)
        {
           int m=2*x;
           cout<<m<<endl;
        }
        void main()
        {
           ADD myADD;
           myADD.total(3,6);
           myADD.output();
           M(myADD.S);
        }
```
则该程序运行的结果是（   ）。
   A. 3 6   B. 6 9   C. 9 9   D. 9 18

9. 若有如下程序：
```
        #include<iostream.h>
        class ADD
        {
        public:
           void total(int a,int b);
           void output();
           int S;
        private:
           int A,B;
        };
        void ADD::total(int a,int b)
        {
           A=a;
           B=b;
```

```
        S=A+B;
    }
    void ADD::output()
    {
        cout<<S<<"   ";
    }
    int M(int x)
    {
        int m=2*x;
        return(m);
    }
    void main()
    {
        int X;
        ADD myADD;
        myADD.total(3,6);
        myADD.output();
        X=M(myADD.S);
        myADD.total(1,X);
        myADD.output();
    }
```
    则该程序运行的结果是（　　）。
    A. 3 9   B. 6 19   C. 9 9   D. 9 19

10. 若有如下程序：
```
    #include<iostream.h>
    class ADD
    {
    public:
        void total(int a,int b);
        void output();
        int S;
    private:
        int A,B;
    };
    void ADD::total(int a,int b)
    {
        A=a;
        B=b;
        S=A+B;
    }
```

```
void ADD::output()
{
    cout<<S<<"  ";
}
class MULTIPLY
{
public:
    void M(int x);
    void output();
private:
    int m;
};
void MULTIPLY::M(int x)
{
    m=2*x;
}
void MULTIPLY::output()
{
    cout<<m<<endl;
}
void main()
{
    ADD myADD;
    myADD.total(3,6);
    myADD.output();
    MULTIPLY myMULTIPLY;
    myMULTIPLY.M(myADD.S);
    myMULTIPLY.output();
}
```
   则该程序运行的结果是（　　）。
   A. 3　6　　　　　B. 6　9　　　　　C. 9　9　　　　　D. 9　18
11. 下列说法错误的是（　　）。
    A. 构造函数的作用是在对象被创建时用特定的值构造对象，将对象初始化成一个区别于其他对象特定的状态
    B. 构造函数在对象被创建时由系统自动调用
    C. 构造函数的函数名与类名相同，且有返回值
    D. 如果没有在类中定义构造函数，则编译系统会自动生成一个默认形式的构造函数
12. 下列说法错误的是（　　）。
    A. 析构函数是类的成员函数，它没有返回值
    B. 析构函数不接受任何参数

C. 如果没有在程序中声明析构函数，系统将自动生成一个析构函数
D. 与构造函数不同，系统不会自动调用析构函数

13. 若有如下程序：
```
#include<iostream.h>
class ADD
{
public:
    ADD(int a,int b);
    ~ADD();
private:
    int A,B,S;
};
ADD::ADD(int a,int b)
{
    A=a;
    B=b;
    S=A+B;
}
ADD::~ADD()
{
    cout<<S<<endl;
}
void main()
{
    ADD myADD(3,6);
}
```
则该程序运行的结果是（　　）。
A. 3　　　　B. 6　　　　C. 9　　　　D. 18

14. 若有如下程序：
```
#include<iostream.h>
class ADD
{
public:
    ADD(int a,int b);
    void Ad();
    ~ADD();
private:
    int A,B,S;
};
```

```
    ADD::ADD(int a,int b)
    {
        A=a;
        B=b;
        S=A+B;
    }
    ADD::~ADD()
    {
        cout<<S<<endl;
    }
    void ADD::Ad()
    {
        S=2+S;
    }
    void main()
    {
        ADD myADD(3,6);
        myADD.Ad();
    }
```
则该程序运行的结果是（　　）。
A. 3　　　　　　B. 6　　　　　　C. 11　　　　　　D. 9

15. 若有如下程序：
```
#include<iostream.h>
class ADD
{
public:
    ADD(int a,int b);
    void Ad();
    ~ADD();
    int S;
private:
    int A,B;
};
ADD::ADD(int a,int b)
{
    A=a;
    B=b;
    S=A+B;
}
ADD::~ADD()
```

```
        {
           cout<<S<<endl;
        }
        void ADD::Ad()
        {
           S=2+S;
        }
        void total(int x)
        {
           int t=5+x;
           cout<<t<<" ";
        }

        void main()
        {
           ADD myADD(3,6);
           myADD.Ad();
           total(myADD.S);
        }
```

则该程序运行的结果是（　　）。

A. 11　16　　　　B. 16　11　　　　C. 11　11　　　　D. 16　16

16. 若有如下程序：

```
        #include<iostream.h>
        class ADD
        {
        public:
           ADD(int a,int b);
           void Ad();
           ~ADD();
           int S;
        private:
           int A,B;
        };
        ADD::ADD(int a,int b)
        {
           A=a;
           B=b;
           S=A+B;
        }
        ADD::~ADD()
```

      {
        cout<<S<<endl;
      }
      void ADD::Ad()
      {
        S=2+S;
      }
      class total
      {
      public:
        total(int x);
        ~total();
      private:
        int X;
      };
      total::total(int x)
      {
        X=5+x;
      }
      total::~total()
      {
        cout<<X<<" ";
      }
      void main()
      {
        int c;
        ADD myADD(3,6);
        myADD.Ad();
        c=myADD.S;
        total mytotal(c);
      }
  则该程序运行的结果是（　　）。
  A. 11　16　　　　B. 16　11　　　　C. 11　11　　　　D. 16　16

17. 若有如下程序：
    #include<iostream.h>
    class Ma
    {
    public:
      Ma();
      Ma(int X,int Y);

```
        void m(int X,int Y);
        ~Ma();
    };
    Ma::Ma()
    {
    cout<<"hello!"<<" ";
    }
    Ma::Ma(int X,int Y)
    {
        int S=X+Y;
        cout<<S<<" ";
    }
    void Ma::m(int X,int Y)
    {
      int M=X*Y;
      cout<<M<<" ";
    }
    Ma::~Ma()
    {
        cout<<"goodbye!"<<" ";
    }
    void main()
    {
       Ma A[2]={Ma(2,3)};
          for(int i=0;i<2;i++)
       {
           A[i].m(2,3);
       }
    }
```

则该程序运行的结果是（ ）。

A. 5　hello!　6　6　goodbye!　goodbye!
B. 6　6　5　hello!　goodbye!　goodbye!
C. goodbye!　goodbye!　6　6　5　hello!
D. goodbye!　5　hello!　6　6　goodbye!

18. 若有如下程序：

```
#include<iostream.h>
class Ma
{
public:
    Ma(int X,int Y);
```

```
        void show();
    private:
        int S;
};
Ma::Ma(int X,int Y)
{
    S=X*Y;
}
void Ma::show()
{
    cout<<S<<" ";
}
void main()
{
    Ma myMa(2,3);
    Ma *p1;
    p1=&myMa;
    p1->show();
}
```
则该程序运行的结果是（　　）。
A. 2　　　　　　B. 3　　　　　　C. 5　　　　　　D. 6

19. 下列有关对象数组的说法错误的是（　　）。
    A. 对象数组的初始化实际上就是数组内的每一个对象元素调用构造函数的过程
    B. 如果在定义数组时为数组元素指定显式的初始值，就会调用相应有形参的构造函数
    C. 如果在定义数组时为数组元素未指定初始值，则调用默认构造函数
    D. 如果在定义数组时为数组元素指定显式的初始值，则调用默认构造函数

20. 下列说法错误的是（　　）。
    A. 每一个经过初始化的对象都有它自己的内存地址
    B. 我们可以通过对象的地址来访问一个对象
    C. 虽然对象包含数据和函数两种成员，但对象所占据的内存空间只是用来存放数据成员
    D. 对象包含数据和函数两种成员，所以对象所占据的内存空间用来存放数据成员和函数成员

21. 若有如下程序：
```
#include<iostream.h>
class SUM
{
public:
    SUM(int x,int y);
    void sum();
    ~SUM(){};
private:
```

```
        int X,Y,S;
    };
    SUM::SUM(int x,int y)
    {
        X=x;
        Y=y;
    }
    inline void SUM::sum()
    {
        S=X+Y;
        cout<<S<<endl;
    }
    void main()
    {
        SUM mySUM(2,6);
        SUM *p1;
        p1=&mySUM;
        p1->sum();
    }
```
则该程序运行的结果是（　　）。
A. 8　　　　　　B. 2　　　　　　C. 5　　　　　　D. 6

22. 下列有关友元函数的说法错误的是（　　）。
    A. 友元函数是指在类的声明中带有 friend 关键字的非成员函数
    B. 友元函数不属于本类，因此无法访问本类中的私有和保护成员
    C. 友元函数不属于本类但可以通过对象名来访问本类中的私有和保护成员
    D. 友元函数既可以是一个普通函数，也可以是其他类中的成员函数

23. 若有如下程序：
```
#include<iostream.h>
class number
{
public:
    number(int NewN);
    friend int SUM(number &x);
    ~number(){};
private:
    int N;
};
number::number(int NewN)
{
    N=NewN;
```

}
int SUM(number &x)
{
  int S=x.N+2;
  return S;
}
void main()
{
    number mynumber(56);
    cout<<SUM(mynumber)<<endl;
}
则该程序运行的结果是（ ）。
A. 55　　　　　B. 66　　　　　C. 58　　　　　D. 56

24. 若有如下程序：
    #include<iostream.h>
    class number
    {
    public:
        number(int NewN);
        friend int SUMA(number &x);
        friend int SUMB(number &y);
        ~number(){};
    private:
        int N;
    };
    number::number(int NewN)
    {
        N=NewN;
    }
    int SUMA(number &x)
    {
      int S=x.N+2;
      return S;
    }
    int SUMB(number &y)
    {
      int S=y.N+6;
      return S;
    }
    void main()

```
    {
       number mynumber(56);
         cout<<SUMA(mynumber)<<" ";
         cout<<SUMB(mynumber)<<endl;
    }
```
则该程序运行的结果是（   ）。
  A. 62　62   B. 62　58   C. 58　58   D. 58　62

25. 若有如下程序：
```
    #include<iostream.h>
    class number
    {
    public:
       number(int NewN);
        friend int A(number &x);
       friend int B(number &y);
       ~number(){};
    private:
       int N;
    };
    number::number(int NewN)
    {
           N=NewN;
    }
    int A(number &x)
    {
      int S=x.N*3;
      return S;
    }
    int B(number &y)
    {
      int S=y.N/2;
      return S;
    }
    void main()
    {
       number mynumber(6);
       cout<<A(mynumber)<< "    ";
       cout<<B(mynumber)<<endl;
    }
```
则该程序运行的结果是（   ）。

A. 18 3   B. 3 2   C. 18 9   D. 9 9

26. 以下有关运算符重载的说法错误的是（　　）。
    A. 运算符重载之后的优先级不会改变
    B. 运算符重载之后的结合性会改变
    C. 只能重载 C++中已有的运算符，且"."、"*"、"∷"、sizeof 和"？∶"这五个运算符不能重载
    D. 运算符重载之后的功能应与原有功能类似，不能改变原运算符的操作对象的个数，并且至少有一个操作对象是自定义类型

27. 若有如下程序：
```
#include<iostream.h>
class complex
{
public:
  complex(double r=0.0,double i=0.0){real=r,imag=i;}

  friend complex operator ++(complex c)
  {
      return complex(c.real+1,c.imag);
  }
      friend complex operator --(complex c)
  {
      return complex(c.real-1,c.imag);
  }
  void display();
private:
  double real;
  double imag;
};
void complex::display()
{
cout<<"("<<real<<","<<imag<<")"<<" ";
}
void main()
{
    complex c1(5,6),c2(6,8),c3,c4;
cout<<"c1=";
    c1.display();
    cout<<"c2=";
    c2.display();
c3=((c3++)--)--;
```

```
        cout<<"c3=";
        c3.display();
    c4=((--c4)++)++;
        cout<<"c4=";
        c4.display();
}
```
则该程序运行的结果是（   ）。
   A. c1=(5,6) c2=(6,8) c3=(-1,0) c4=(1,0)
   B. c1=(6,8) c2=(5,6) c3=(4,6) c4=(7,8)
   C. c1=(5,6) c2=(4,6) c3=(-1,0) c4=(1,0)
   D. c1=(5,6) c2=(7,8) c3=(4,6) c4=(6,8)

28. 若甲类是乙类的友元类，则（   ）。
   A. 甲类的所有成员函数都是乙类的友元函数
   B. 甲类中的所有成员函数都不能访问乙类中的私有成员
   C. 甲类中的所有成员函数都不能访问乙类中的保护成员
   D. 甲类中的所有成员函数都只能访问乙类中的公有成员

29. 若有如下程序：
```
#include<iostream.h>
class numberA
{
public:
    void getnumber(int NewN);
    friend class numberB;
private:
    int N;
};
void numberA::getnumber(int NewN)
{
        N=NewN;
}
class numberB
{
public:
    void setnumber(int i);
    void shownumber();
private:
    numberA mynumberA;
};
void numberB::setnumber(int i)
{
```

```
            mynumberA.N=i;
        }
        void numberB::shownumber()
        {
            cout<< mynumberA.N+2<<end1;
        }
        void main()
        {
            numberB mynumber1;
            mynumber1.setnumber(6);
            mynumber1.shownumber();
        }
```
   则该程序运行的结果是（   ）。
   A. 2   B. 6   C. 3   D. 8
30. 友元的作用（   ）。
   A. 给外部函数访问类中的私有和保护类型成员带来了方便
   B. 实现了类的数据封装性
   C. 实现类的数据隐藏性
   D. 增加成员函数的种类
31. 若有如下程序：
```
    #include<iostream.h>
    class numberA
    {
    public:
        void getnumber(int NewN);
        friend class numberB;
        friend class numberC;
    private:
        int N;
    };
    void numberA::getnumber(int NewN)
    {
        N=NewN;
    }
    class numberB
    {
    public:
        void setnumber(int i);
        void shownumber();
    private:
```

```
        numberA mynumberA;
    };
    void numberB::setnumber(int i)
    {
        mynumberA.N=++i;
    }
    void numberB::shownumber()
    {
        cout<<mynumberA.N<<" ";
    }
    class numberC
    {
    public:
        void setnumber(int i);
        void shownumber();
    private:
        numberA mynumberA;
    };
    void numberC::setnumber(int i)
    {
        mynumberA.N=++i;
    }
    void numberC::shownumber()
    {
        cout<<mynumberA.N+2<<end1;
    }
    void main()
    {
        numberB mynumber1;
        numberC mynumber2;
        mynumber1.setnumber(6);
        mynumber1.shownumber();
        mynumber2.setnumber(6);
        mynumber2.shownumber();
    }
```
则该程序运行的结果是（   ）。
A. 7 9   B. 9 7   C. 7 7   D. 9 9

32. 若有如下程序：
```
    #include<iostream.h>
    class numberA
```

```cpp
{
public:
    void getnumber(int NewN);
    friend class numberB;
private:
    int N;
};
void numberA::getnumber(int NewN)
{
    N=NewN;
}
class numberB
{
public:
    void setnumber(int i);
    void shownumber();
    friend class numberC;
private:
    numberA mynumberA;
    int M;
};
void numberB::setnumber(int i)
{
    mynumberA.N=i;
}
void numberB::shownumber()
{
    cout<<++mynumberA.N<<" ";
}
class numberC
{
public:
    void setnumber(int i);
    void shownumber();
private:
    numberB mynumberB;
};
void numberC::setnumber(int i)
{
    mynumberB.M=i;
```

}
void numberC::shownumber()
{
    cout<< mynumberB.M+2<<endl;
}
void main()
{
    numberB mynumber1;
    numberC mynumber2;
    mynumber1.setnumber(6);
    mynumber1.shownumber();
    mynumber2.setnumber(6);
    mynumber2.shownumber();
}

则该程序运行的结果是（   ）。
  A．7 8   B．7 7   C．8 8   D．8 7

33． 若有如下程序：
```
#include<iostream.h>
class numberA
{
public:
    void setnumber(int i);
    friend void SUM(numberA &x);
    friend class numberB;
private:
    int N;
};
void numberA::setnumber(int NewN)
{
     N=NewN;
}
class numberB
{
public:
    void setnumber(int i);
    void shownumber();
    friend class numberC;
private:
    numberA mynumberA;
    int M;
```

```
    };
        void numberB::setnumber(int i)
        {
                mynumberA.N=i;
        }
        void numberB::shownumber()
        {
          cout<<++mynumberA.N<<" ";
        }
        void SUM(numberA &x)
        {
          int S=x.N;
          cout<<S++<<endl;
        }
        void main()
        {
            numberA mynumber1;
            mynumber1.setnumber(6);
            numberB mynumber2;
            mynumber2.setnumber(6);
            mynumber2.shownumber();
            SUM(mynumber1);
        }
```
   则该程序运行的结果是（ ）。
   A. 7 7   B. 7 6   C. 7 8   D. 8 7
34. 下列说法错误的是（ ）。
    A. 新的类从已有的类那里得到已有的特性，称之为类的继承
    B. 在类的继承过程中，基类的构造函数和析构函数也可以被继承下来
    C. 类的继承方式一般分为公有继承、私有继承和保护继承
    D. 当类的继承方式为公有继承时，基类的公有成员和保护成员在派生类中访问属性不变，基类的私有成员不可访问
35. 下列说法错误的是（ ）。
    A. 静态成员变量使用 static 关键字来声明
    B. 静态成员变量被声明后只有一个拷贝
    C. 静态成员变量被声明后可能有多个拷贝
    D. 通过使用静态成员变量可以实现一个数据成员为同一类中的不同对象所共享
36. 若有如下 C++程序：
    #include<iostream.h>
    class number
    {

```
public:
    void A();
private:
    static int N;
};
int number::N=0;
void number::A()
{
   N++;
   cout<<N<<" ";
}
void main()
{
    number mynumber1,mynumber2;
    mynumber1.A();
    mynumber2.A();
}
```
则该程序运行的结果是（   ）。
A. 1 2   B. 0 0   C. 1 1   D. 2 2

37. 若有如下 C++程序：
```
#include<iostream.h>
class number
{
public:
    void A();
    void B();
private:
    static int N;
};
int number::N=0;
void number::A()
{
   N++;
   cout<<N<<" ";
}
void number::B()
{
   N=N+2;
   cout<<N<<" ";
}
```

```
void main()
{
    number mynumber1,mynumber2;
      mynumber1.A();
      mynumber2.B();
      mynumber2.B();
}
```
则该程序运行的结果是（   ）。
   A. 1 3 3   B. 1 3 5   C. 1 1 1   D. 1 5 5

38. 若有如下 C++程序：
```
#include<iostream.h>
class number
{
public:
    void A(int m);
private:
    static int N;
};
int number::N=0;
void number::A(int m)
{
    while(m>0)
    {
       N++;
       m--;
    }
    cout<<N<<" ";
}
void main()
{
    number mynumber1,mynumber2;
    mynumber1.A(2);
    mynumber2.A(3);
}
```
则该程序运行的结果是（   ）。
   A. 2   5   B. 2   2   C. 5   2   D. 5   5

39. 若有如下 C++程序：
```
#include<iostream.h>
class number
{
```

```
    public:
        void A(int m);
        void B(int n);
    private:
        static int N;
};
int number::N=0;
void number::A(int m)
{
    while(m>0)
    {
        N++;
        m--;
    }
    cout<<N<<" ";
}
void number::B(int n)
{
    while(n>0)
    {
        N--;
        n--;
    }
    cout<<N<<" ";
}
void main()
{
    number mynumber1,mynumber2;
    mynumber1.A(2);
    mynumber2.B(3);
}
```
则该程序运行的结果是（　）。
A. 2　2　　　　B. 2　-1　　　　C. 0　0　　　　D. 0　-3

40. 下列说法错误的是（　）。
    A. 静态成员函数使用 static 关键字来声明
    B. 静态成员函数可直接访问该类的静态变量
    C. 静态成员函数可直接访问该类的非静态变量
    D. 静态成员函数属于整个类，由同一个类的所有对象共同使用和维护，为该类的所有对象所共享

41. 若有如下 C++程序：

```
#include<iostream.h>
class number
{
 public:
     void inputnumber(int n);
     static void outputcount() {cout<<N<< "   " ;}
private:
     static int N;
};
void number::inputnumber(int n)
{
while(n>0)
 {
   N++;
   n--;
 }
}
int number::N=0;
void main()
{
    number mynumber1;
    mynumber1.inputnumber(11);
    number::outputcount();
    mynumber1.inputnumber(28);
    number::outputcount();
}
```
则该程序运行的结果是（　　）。

　　A. 11 39　　　　　　B. 11 28　　　　　　C. 0 0　　　　　　D. 11 11

42. 若有如下 C++程序：

```
#include<iostream.h>
class number
{
public:
    void A();
    friend void B(number &a);
private:
    static int N;
};
int number::N=0;
void number::A()
```

```
        {
            N++;
            cout<<N<<" ";
        }
        void B(number &x)
        {
            x.A();
        }
        void main()
        {
            number mynumber1,mynumber2;
             mynumber1.A();
             mynumber2.A();
            B(mynumber1);
        }
```
则该程序运行的结果是（   ）。
A. 1 2 3   B. 1 1 1   C. 0 0 0   D. 1 2 2

43. 若有如下 C++程序：
```
#include<iostream.h>
class number
{
public:
    int A();
    friend void B(number &x);
private:
    static int N;
};
int number::N=0;
int number::A()
{
    N++;
    return(N);
}
void B(number &x)
{
    int S=x.A()+2;
    cout<<S<<" ";
}
void main()
{
```

```
    number mynumber1,mynumber2;
    mynumber1.A();
    mynumber2.A();
    B(mynumber1);
}
```
则该程序运行的结果是（　　）。
A. 1　　　　　　B. 5　　　　　　C. 0　　　　　　D. 3

44. 若有如下 C++程序：
```
#include<iostream.h>
class number
{
public:
    int A();
    friend void B(number &x);
    static void output() {cout<<N<<endl;}
private:
    static int N;
};
int number::N=0;
int number::A()
{
    N++;
    return(N);
}
void B(number &x)
{
    int S=x.A()+2;
    cout<<S<<" ";
}
void main()
{
    number mynumber1,mynumber2;
    mynumber1.A();
    mynumber2.A();
    B(mynumber1);
    number::output();
}
```
则该程序运行的结果是（　　）。
A. 5　3　　　　B. 5　5　　　　C. 0　0　　　　D. 3　3

45. 若有如下 C++程序：

```
class A
{
    public:
        …
    private:
        …
};
class B:public A
{
    public:
        …
    private:
        …
};
…
```
则正确的说法是（   ）。
A. 类 A 由类 B 派生而来
B. 类 A 的私有成员在类 B 中可以被访问
C. 类 B 的私有成员在类 A 中可以被访问
D. 类 B 由类 A 派生而来

46. 若有如下 C++程序：
```
#include<iostream.h>
class numberA
{
public:
    int A();
private:
    int N;
};
int numberA::A()
{
    N=6;
    return(N);
}
class numberB:public numberA
{
public:
    void B();
private:
    numberA number1;
```

```
        int M;
    };
    void numberB::B()
    {
        M=number1.A()+2;
        cout<<M<<endl;
    }
    void main()
    {
        numberA mynumberA;
         mynumberA.A();
         numberB mynumberB;
         mynumberB.B();
    }
```
则该程序运行的结果是（　　）。
A. 8　　　　　　　B. 2　　　　　　　C. 6　　　　　　　D. 12

47. 若有如下 C++程序：
```
    #include<iostream.h>
    class numberA
    {
    public:
        int A();
        int A1();
    private:
        int N;
    };
    int numberA::A()
    {
        N=6;
        return(N);
    }
    int numberA::A1()
    {
       N=A()*6;
       return(N);
    }
    class numberB:public numberA
    {
    public:
        void B();
```

```
    private:
        numberA number1;
        int M;
};
void numberB::B()
{
    M=number1.A1()+2;
    cout<<M<<endl;
}
void main()
{
    numberA mynumberA;
    mynumberA.A1();
    numberB mynumberB;
    mynumberB.B();
}
```
则该程序运行的结果是（   ）。
A. 6   B. 2   C. 36   D. 38

48. 若有如下 C++程序：
```
#include<iostream.h>
class numberA
{
public:
    int A();
    void A1();
private:
    int N;
};
int numberA::A()
{
    N=6;
    return(N);
}
void numberA::A1()
{
    N=A()*6;
    cout<<N<<" ";
}
class numberB:public numberA
{
```

```
    public:
       void B();
    private:
       numberA number1;
       int M;
    };
    void numberB::B()
    {
       M=number1.A()+2;
       cout<<M<<endl;
    }
    void main()
    {
       numberA mynumberA;
         mynumberA.A1();
         numberB mynumberB;
       mynumberB.A1();
       mynumberB.B();
    }
```
则该程序运行的结果是（   ）。
A. 8　8　8　　　　B. 36　36　36　　　C. 36　36　8　　　D. 38　36　36

49. 若有如下 C++程序：
```
    #include<iostream.h>
    class numberA
    {
    public:
       int A();
    private:
       int N;
    };
    int numberA::A()
    {
       N=6;
       return(N);
    }
    class numberB:public numberA
    {
    public:
       int B();
       void C();
```

```
    private:
        numberA number1;
        int M;
};
int numberB::B()
{
    int m=number1.A()+2;
    return(m);
}
void numberB::C()
{
    M=B()+2;
    cout<<M<<endl;
}
void main()
{
    numberB mynumberB;
    mynumberB.C();
}
```
则该程序运行的结果是（　　）。
A. 10   B. 6   C. 8   D. 2

50. 若有如下 C++程序：
```
#include<iostream.h>
class numberA
{
public:
    int A();
private:
    int N;
};
int numberA::A()
{
    N=2;
    return(N);
}
class numberB
{
public:
    int B();
private:
```

```
        int M;
    };
    int numberB::B()
    {
        M=6;
        return(M);
    }
    class numberC:public numberA,public numberB
    {
    public:
        void C();
    private:
        numberA mynumberA;
        numberB mynumberB;
        int K;
    };
    void numberC::C()
    {
        K=mynumberA.A()+mynumberB.B();
        cout<<K<<endl;
    }
    void main()
    {
        numberC mynumberC;
        mynumberC.C();
    }
```
则该程序运行的结果是（　　）。
A. 10   B. 6   C. 8   D. 2

51. 若有如下 C++程序：
```
#include<iostream.h>
class numberA
{
public:
    int A();
private:
    int N;
};
int numberA::A()
{
    N=2;
```

```
        return(N);
    }
    class numberB:public numberA
    {
    public:
        int B();
    private:
        numberA mynumberA;
        int M;
    };
    int numberB::B()
    {
        M=mynumberA.A()+5;
        return(M);
    }
    class numberC:public numberB
    {
    public:
        void C();
    private:
        numberB mynumberB;
        int K;
    };
    void numberC::C()
    {
        K=mynumberB.B()+1;
        cout<<K<<endl;
    }
    void main()
    {
            numberC mynumberC;
            mynumberC.C();
    }
```
则该程序运行的结果是(   )。

A. 10　　　　B. 6　　　　C. 8　　　　D. 2

52. 若有如下 C++程序：
```
    #include<iostream.h>
    class numberA
    {
    public:
```

```cpp
    int A();
private:
    int N;
};
int numberA::A()
{
    N=3;
    return(N);
}
class numberB
{
public:
    int B();
private:
    int M;
};
int numberB::B()
{
    M=5;
    return(M);
}
class numberC:public numberA,public numberB
{
public:
    void C();
private:
    numberA mynumberA;
    numberB mynumberB;
    int K;
};
void numberC::C()
{
    K=mynumberB.B()+mynumberA.A();
    cout<<K<<endl;
}
void main()
{
    numberC mynumberC;
    mynumberC.C();
}
```

则该程序运行的结果是（　　）。

A. 3　　　　　　B. 5　　　　　　C. 8　　　　　　D. 15

53. 若有如下 C++程序：
```
#include<iostream.h>
class numberA
{
public:
    int A();
private:
    int N;
};
int numberA::A()
{
    N=3;
    return(N);
}
class numberB:public numberA
{
public:
    int B();
private:
    numberA mynumberA;
    int M;
};
int numberB::B()
{
    M=5+mynumberA.A();
    return(M);
}
class numberC:public numberA
{
public:
    int C();
private:
    numberA mynumberA;
    int K;
};
int numberC::C()
{
    K=2+mynumberA.A();
```

```
        return(K);
    }
    class numberD:public numberB,public numberC
    {
    public:
        void D();
    private:
        numberA mynumberA;
        numberB mynumberB;
        numberC mynumberC;
        int L;
    };
    void numberD::D()
    {
       L=mynumberA.A()+mynumberB.B()+mynumberC.C();
       cout<<L<<endl;
    }
    void main()
    {
        numberD mynumberD;
        mynumberD.D();
    }
```
则该程序运行的结果是(   )。
    A. 16   B. 5   C. 8   D. 3

54. 若有如下 C++程序：
```
#include<iostream.h>
class numberA
{
public:
    int A();
private:
    int N;
};
int numberA::A()
{
 N=3;
 return(N);
}
class numberB:public numberA
{
```

```
public:
  numberB(int i);
  friend void S(numberB &x);
private:
  numberA mynumberA;
  int M;
};
numberB::numberB(int i)
{
  M=i+mynumberA.A();
}
void S(numberB &x)
{
  int K=x.M+2;
  cout<<K<<endl;
}
void main()
{
   numberB mynumberB(1);
    S(mynumberB);
}
```
　　则该程序运行的结果是（　　）。
　　A. 6　　　　　　B. 1　　　　　　C. 2　　　　　　D. 3
55. 若有如下 C++程序：
```
#include<iostream.h>
class numberA
{
public:
   int A();
private:
   int N;
};
int numberA::A()
{
  N=3;
  return(N);
}
class numberB:public numberA
{
public:
```

numberB(int i);
   friend class numberC;
private:
   numberA mynumberA;
   int M;
};
numberB::numberB(int i)
{
   M=i+mynumberA.A();
}
class numberC
{
public:
   void C(numberB &x);
private:
   int K;
};
void numberC::C(numberB &x)
{
   K=x.M+1;
   cout<<K<<endl;
}
void main()
{
   numberB mynumberB(1);
   numberC mynumberC;
   mynumberC.C(mynumberB);
}
   则该程序运行的结果是（   ）。
   A. 6   B. 1   C. 5   D. 3

56. 若有如下 C++程序：
   #include<iostream.h>
   class numberA
   {
   public:
      int A();
      friend int S(numberA &a);
   private:
      int N;
   };

```cpp
int numberA::A()
{
    N=3;
    return(N);
}
int S(numberA &x)
{
    x.A();
    int sum=x.N*2;
    return sum;
}
class numberB:public numberA
{
public:
    numberB(int i);
    friend class numberC;
private:
  numberA mynumberA;
  int M;
};
numberB::numberB(int i)
{
    M=i+mynumberA.A();
}
class numberC
{
public:
    void C(numberB &a);
private:
    int K;
};
void numberC::C(numberB &x)
{
   numberA mynumberA;
     int S1=S(mynumberA);
  K=x.M+S1;
  cout<<K<<endl;
}
void main()
{
```

    numberB mynumberB(1);
    numberC mynumberC;
    mynumberC.C(mynumberB);
    }
则该程序运行的结果是（　　）。
    A. 6　　　　　B. 10　　　　　C. 9　　　　　D. 3
57. 若有如下 C++程序：
    #include<iostream.h>
    class numberA
    {
    public:
      int A();
    private:
      int N;
    };
    int numberA::A()
    {
      N=3;
      return(N);
    }
    class numberB:public numberA
    {
    public:
      numberB(int i);
      int B(int i);
      friend int S(numberB &x);
      friend class numberC;
    private:
      numberA mynumberA;
      int M;
    };
    numberB::numberB(int i)
    {
       M=i+mynumberA.A();
    }
    int numberB::B(int i)
    {
      M=i+mynumberA.A();
      return M;
    }

```
int S(numberB &x)
{
int sum=x.M*2;
return sum;
}
class numberC
{
public:
  void C(numberB &x);
private:
  int K;
};
void numberC::C(numberB &x)
{
    int S1=S(x);
K=x.M+S1;
cout<<K<<endl;
}
void main()
{
    numberB mynumberB(1);
    numberC mynumberC;
    mynumberC.C(mynumberB);
}
```
则该程序运行的结果是（　　）。
A. 12　　　　　B. 10　　　　　C. 4　　　　　D. 6

58. 若有如下 C++程序：
```
#include<iostream.h>
class numberA
{
public:
    int A();
    friend int S1(numberA &a);
private:
    int N;
};
int numberA::A()
{
    N=3;
    return(N);
```

}
class numberB:public numberA
{
public:
    numberB(int i);
    int B(int i);
    friend void S2(numberB &a);
private:
    numberA mynumberA;
    int M;
};
numberB::numberB(int i)
{
    M=i+mynumberA.A();
}
int numberB::B(int i)
{
    M=i+mynumberA.A();
    return M;
}
int S1(numberA &x)
{
    int sum=x.N+2;
    return sum;
}
void S2(numberB &x)
{
    numberA mynumberA1;
    mynumberA1.A();
    int sum=x.M+S1(mynumberA1);
    cout<<sum<<endl;
}
void main()
{
    numberB mynumberB(1);
    S2(mynumberB);
}
```

则该程序运行的结果是（  ）。
A. 9  　　　　B. 7  　　　　C. 5  　　　　D. 6

59. 若有如下 C++程序：
```

```cpp
#include<iostream.h>
class numberA
{
public:
    int A();
    friend int S1(numberA &a);
private:
    int N;
};
int numberA::A()
{
    N=3;
    return(N);
}
class numberB:public numberA
{
public:
    numberB(int i);
    int B(int i);
    friend void S2(numberB &a);
    ~numberB();
private:
    numberA mynumberA;
    int M;
};
numberB::numberB(int i)
{
    M=i+mynumberA.A();
}
int numberB::B(int i)
{
    M=i+mynumberA.A();
    return M;
}
numberB::~numberB()
{
    cout<<mynumberA.A()+M<<endl;
}
int S1(numberA &x)
{
```

```
    int sum=x.N+2;
    return sum;
}
void S2(numberB &x)
{
    numberA mynumberA1;
    mynumberA1.A();
    x.M=x.M+S1(mynumberA1);
    cout<<x.M<<" ";
}
void main()
{
    numberB mynumberB(1);
    S2(mynumberB);
}
```
则该程序运行的结果是（　　）。
A. 9　9　　　　B. 9　12　　　　C. 5　9　　　　D. 6　9

60. 若有如下 C++程序：
```
#include<iostream.h>
class numberA
{
public:
    int A();
    friend class numberB;
private:
    int N;
};
int numberA::A()
{
    N=3;
    return(N);
}
class numberB
{
public:
    numberB(int i);
    friend void S2(numberB &a);
    ~numberB();
private:
    numberA mynumberA;
```

```
        int M;
};
numberB::numberB(int i)
{
    M=i+mynumberA.A();
}
numberB::~numberB()
{
     cout<<mynumberA.N+M<<endl;
}
void S2(numberB &x)
{
   x.M=x.M+2;
   cout<<x.M<<" ";
}
void main()
{
    numberB mynumberB(1);
    S2(mynumberB);
}
```

则该程序运行的结果是（ ）。
A. 9 9   B. 6 9   C. 5 9   D. 6 12

61. 若有如下 C++程序：
```
class A
{
    public:
        …
    private:
        …
};
class B: private A
{
    public:
        …
    private:
        …
};
…
```
则下列说法正确的是（ ）。
A. 类 A 由类 B 派生而来，且继承方式为私有继承

B. 类 A 的公有成员在类 B 中访问属性都变为私有类型

C. 类 A 的公有成员在类 B 中访问属性不变

D. 类 B 由类 A 派生而来，且继承方式为公有继承

62. 若有如下 C++程序：
    class A
    {
        public:
            …
        private:
            …
    };
    class B
    {
        public:
            …
        private:
            …
    };
    class C :public A, private B
    {
        public:
            …
        private:
            …
    };
    …
    则下列说法正确的是（　　）。

    A. 类 C 由类 A 和类 B 派生而来，且继承方式都为公有继承

    B. 类 A 的公有成员在类 C 中访问属性不变，类 B 的公有成员在类 C 中访问属性也不变

    C. 类 A 的公有成员在类 C 中访问属性不变，类 B 的公有成员在类 C 中访问属性都变为私有类型

    D. 类 C 由类 A 和类 B 派生而来，且继承方式都为私有继承

63. 下列有关单继承与多继承的说法正确的是（　　）。

    A. 如果一个派生类同时有多个基类，则这种继承为多继承

    B. 如果一个基类派生出多个派生类，则这种继承为多继承

    C. 如果多个基类派生出多个派生类，则这种继承为单继承

    D. 如果一个派生类同时有多个基类，则这种继承为单继承

64. 若有如下 C++程序：
    class A

{
    public:
      …
    private:
      …
};
class B:virtual public A
{
    public:
      …
    private:
      …
}
class C:virtual public A ,public B
{
    public:
      …
    private:
      …
}
class D: public B
{
    public:
      …
    private:
      …
}

则下列说法正确的是（　　）。
A. 类 A 被设置为虚基类
B. 类 B 被设置为虚基类
C. 类 C 被设置为虚基类
D. 类 D 被设置为虚基类

65. 若有如下 C++程序：
```
#include<iostream.h>
class numberA
{
public:
    int A();
private:
    int N;
```

```
};
int numberA::A()
{
   N=3;
   return(N);
}
class numberB:virtual public numberA
{
public:
   int B();
private:
   numberA mynumberA1;
   int M;
};
int numberB::B()
{
   M=2+mynumberA1.A();
   return(M);
}
class numberC:virtual public numberA
{
public:
   int C();
private:
   numberA mynumberA2;
   int K;
};
int numberC::C()
{
   K=3+mynumberA2.A();
   return(K);
}
class numberD:public numberB,public numberC
{
public:
   int D();
private:
   numberB mynumberB;
   numberC mynumberC;
   int X;
```

};
int numberD::D()
{
    X=mynumberB.B()+mynumberC.C();
    return(X);
}
void main()
{
    numberD mynumberD;
    cout<<mynumberD.D()<<endl;
}
则该程序运行的结果是(   )。
A. 11   B. 5   C. 6   D. 3

66. 若有如下 C++程序：
#include<iostream.h>
class numberA
{
public:
    int A();
private:
    int N;
};
int numberA::A()
{
    N=3;
    return(N);
}
class numberB:virtual public numberA
{
public:
    int B();
private:
    numberA mynumberA1;
    int M;
};
int numberB::B()
{
    M=2+mynumberA1.A();
    return(M);
}

```cpp
class numberC:virtual public numberA
{
public:
   int C();
private:
   numberA mynumberA2;
   int K;
};
int numberC::C()
{
   K=3+mynumberA2.A();
   return(K);
}
class numberD:public numberB,public numberC
{
public:
   int D();
   friend int S();
private:
   numberB mynumberB;
   numberC mynumberC;
   int X;
};
int numberD::D()
{
   X=mynumberB.B()+mynumberC.C();
   return(X);
}
int S()
{
   numberD mynumber1;
   mynumber1.D();
   int Y=mynumber1.X+1;
   return(Y);
}
void main()
{
   cout<<S()<<endl;
}
```
则该程序运行的结果是（　　）。

A. 11　　　　　B. 12　　　　　C. 5　　　　　D. 6

67. 若有以下 C++程序：
```
#include<iostream.h>
class A
{
public:
 void input();
virtual void output(){ … }
};
…
class B:public A
{
public:
 void show();
void output(){ … }
};
…
class C:public B
{
public:
 …
void output(){ … }
};
```
则下列说法正确的是（　　）。
　　A. 函数 output()是虚函数　　　　B. 函数 input()是虚函数
　　C. 函数 show()是虚函数　　　　　D. 所有函数都不是虚函数

68. 若有如下 C++程序：
```
#include<iostream.h>
class numberA
{
public:
   void NU();
private:
   int N;
};
void numberA::NU()
{
   N=3;
   cout<<N<<" ";
}
```

```cpp
class numberB:public numberA
{
public:
   void NU();
private:
   int M;
};
void numberB::NU()
{
   M=2;
   cout<<M<<" ";
}
class numberC:public numberA
{
public:
   void NU();
private:
   int K;
};
void numberC::NU()
{
   K=1;
   cout<<K<<endl;
}
void point(numberA *ptr)
{
   ptr->NU();
}
void main()
{
   numberA mynumberA,*P;
   numberB mynumberB;
   numberC mynumberC;
   P=&mynumberA;
   point(P);
   P=&mynumberB;
   point(P);
   P=&mynumberC;
   point(P);
}
```

则该程序运行的结果是(   )。

A. 3 3 3　　　　B. 2 2 2　　　　C. 1 1 1　　　　D. 3 2 1

69. 若有如下 C++程序:
```
#include<iostream.h>
class numberA
{
public:
    virtual void NU();
private:
    int N;
};
void numberA::NU()
{
    N=3;
    cout<<N<<" ";
}
class numberB:public numberA
{
public:
    void NU();
private:
    int M;
};
void numberB::NU()
{
    M=2;
    cout<<M<<" ";
}
class numberC:public numberA
{
public:
    void NU();
private:
    int K;
};
void numberC::NU()
{
    K=1;
    cout<<K<<endl;
}
```

```
        void point(numberA *ptr)
        {
            ptr->NU();
        }
        void main()
        {
            numberA mynumberA,*P;
            numberB mynumberB;
            numberC mynumberC;
            P=&mynumberA;
            point(P);
            P=&mynumberB;
            point(P);
            P=&mynumberC;
            point(P);
        }
```
   则该程序运行的结果是（　）。
   A. 3 3 3　　　　B. 2 2 2　　　　C. 1 1 1　　　　D. 3 2 1

70. 下列说法错误的是（　）。
   A. 函数模板可以用来定义一个通用函数，以支持多种不同类型的形参
   B. 函数模板可以用来定义一个通用函数，以支持多种不同数量的形参
   C. 模板类中的成员函数必须是函数模板
   D. 在声明模板类时，模板参数表中的参数必须与声明类模板时的模板参数表中的参数一一对应

71. 若有如下 C++程序：
```
    #include<iostream.h>
    template <typename T>
    T sum(T a,T b,T c)
    {
        return a+b+c;
    }
    void main()
    {
        cout<<sum(6.8,8.8,1.2)<< " ";
        cout<<sum(6,10,2)<<endl;
    }
```
   则该程序运行的结果是（　）。
   A. 16.8 18　　　B. 18 16.8　　　C. 18 18　　　D. 16.8 16.8

72. 若有如下 C++程序：
   #include<iostream.h>

```
template <class T>
class number
{
public:
    T S(T a,T b);
    T M(T a,T b);
};
template <class T>
T number<T>::S(T a,T b)
{
    return a+b;
}
template <class T>
T number<T>::M(T a,T b)
{
    return a*b;
}
void main()
{
    number<int> mynumber;
    number<double> mynumber1;
    cout<<mynumber.S(6,10)<<" ";
    cout<<mynumber1.S(1.1,1.2)<<" ";
    cout<<mynumber.M(6,10)<<" ";
    cout<<mynumber1.M(1.1,1.2)<<endl;
}
```
则该程序运行的结果是（　　）。

A. 16　2.3　60　1.32　　　　　　B. 2.3　16　1.32　60
C. 16　2.3　1.32　60　　　　　　D. 2.3　16　60　1.32

73. 模板是由可以使用和操作任何数据类型的通用代码构成，它允许用户构造通用功能的函数即（　　）。

　　A. 函数　　　　B. 函数模板　　　　C. 模板类　　　　D. 类模板

74. 一个（　　）为类定义一个模式，类中的某些成员函数的返回值能取多种类型。

　　A. 函数模板　　　B. 类　　　　　C. 类模板　　　　D. 模板函数

75. 类模板实际上是将它实例化成一个具体的（　　）。

　　A. 模板类　　　　B. 对象　　　　C. 函数　　　　D. 类

三、**改错题**。

1. 若有如下程序：

```
#include<iostream.h>
class date
```

```
    {
    public:
        void setdate(int NewY=0,int NewM=0,int NewD=0);
        inline void showdate();
    private:
        int Year,Month,Day;
    };
    void date::setdate(int NewY,int NewM,int NewD)
    {
        Year=NewY;
        Month=NewM;
        Day=NewD;
    }
    inline void date::showdate()
    {
        cout<<Year<<","<<Month<<","<<Day<<endl;
    }
    void main()
    {
        date mydate;
        mydate.setdate ();
        mydate.showdate ();
        cout<<mydate.Year<<endl;
    }
```
本程序是否出错？如果出错请改正。

2. 若有如下程序：
```
    #include<iostream.h>
    class date
    {
    public:
        date (int NewY,int NewM,int NewD);
        ~date();
    private:
        int Year,Month,Day;
    };

    date::date(int NewY,int NewM,int NewD)
    {
```

```
            Year=NewY;
            Month=NewM;
            Day=NewD;
        }

         date::~date()
        {
            cout<<Year<<","<<Month<<","<<Day<<endl;
        }
        void main()
        {
            date mydate(80,11,28);
            mydate.~date();
        }
```
希望运行结果为：
    80,11,28
但实际运行结果为：
    80,11,28
    80,11,28
应该如何修改该程序？

3. 若有如下程序：
```
#include<iostream.h>
class father
{
public:
    void Skincolor();
};
void father::Skincolor()
{
    cout<<"the skin color is white!"<<endl;
}
class mother
{
public:
    void Haircolor();
};
void mother::Haircolor()
{
```

```
            cout<<"the hair color is black!"<<endl;
        }
        class child:public father,private mother
        {
        public:
            void Hight();
            void Weight();
        };
        void child::Hight()
        {
            cout<<"The hight of the child is 175cm"<<endl;
        }
        void child::Weight()
        {
            cout<<"The weight of the child is 70KG"<<endl;
        }
        void main()
        {
            child mychild;
            mychild.Skincolor();
            mychild.Haircolor();
            mychild.Hight();
            mychild.Weight();
        }
```
本程序是否出错？如果出错请改正。

4. 若有如下程序：
```
#include"iostream.h"
class C
{
    int a=5;
    C( );
public:
    C (int   x){    a=x;    }
    void ~C(){};
};
void main()
{
```

```
    C c;
    C z(5);
}
```
本程序是否出错？如果出错请改正。

四、读程序，写出运行结果。

有如下一段程序：
```
#include<iostream.h>
class D
{
public:
    void number(int NewN);
    int n;
};

void D::number(int NewN)
{
    n=NewN;
    cout<<"The number is:"<<n<<endl;
}

class B:virtual public D
{
public:
    int NB;
};

class C:virtual public D
{
public:
    int NC;
};

class A:public B,public C
{
public:
    int NA;
    void output(){cout<<"Goodbye!"<<endl;}
    friend class numberB;
```

};

class numberB
{
public:
    void setnumber(int i);
private:
    A mynumberA;

};

void numberB::setnumber(int i)
{
    mynumberA.n=i;
    cout <<"The number is:"<<mynumberA.n<<endl;
}

void main()
{
    A myA;
    myA.number(6);
    numberB mynumberB;
    mynumberB.setnumber(8);
    myA.output();
}
请写出运行结果。

五、编程题。

1. 声明一个 car 类，数据成员有 length,width 和 hight，使用构造函数对数据成员进行初始化，使用析构函数输出数据成员的值。在 main 函数中定义 car 类的对象 mycar，调用构造函数并使用 4 400、1 700 和 1 600 这三个值对其进行初始化，由系统自动调用析构函数将这三个值输出。

2. 声明一个 auto 类，数据成员有 length,width 和 hight。在此类基础上派生出 car 类，在 car 类中再增加一项数据成员 speed。声明 supercar 类为 car 类的友元类，在 supercar 类中再增加一项数据成员 power。使用构造函数实现对 supercar 类的数据成员进行初始化，使用析构函数实现输出数据成员的值。在 main 函数中定义 supercar 类的对象 mysupercar，调用构造函数并使用 4 400、1 800、1 500、320 和 330 这五个值对其进行初始化，由系统自动调用析构函数将这五个值输出。

3. 声明一个类模板 LMB，其中包含两个函数模板 A 和 B，分别用来实现两个数的相加和相减。在 main 函数中声明 LMB 的两个对象 myLMB1 和 myLMB2，它们分别为 int 类型和 double 类型。分别调用这两个对象的两个函数模板并输出结果。

六、思考题。

1. 求一个长方形的周长和面积。

以面向过程的程序设计方式编程：

（1）编写两个函数分别计算长方形的周长和面积。

（2）求周长的函数和面积的函数定义两个参数，分别是长方形的长和宽。

以面向对象的程序设计方式编程：

（1）设计一个长方形类。

（2）通过长方形对象，求出某个具体的长方形对象的周长和面积。

2. 声明一个商品类，其数据成员包括商品类型、商品产地、生产厂商和单价。使用构造函数实现对数据成员进行初始化，使用析构函数实现输出所有数据成员的值。

3. 声明一个商品类，其数据成员包括商品类型、商品产地、生产厂商和单价。由商品类派生出毛巾类和零食类。在这两个派生类中都使用构造函数实现对数据成员进行初始化，使用析构函数实现输出所有数据成员的值。

4. 在上题基础上再由零食类派生出糖果类。在糖果类中再增加一项数据成员 weight，使用构造函数实现对所有数据成员进行初始化，使用析构函数实现输出所有数据成员的值。

5. 在第3题基础上再定义饮料类为零食类的友元类。在饮料类中再增加一项数据成员 volume，使用构造函数实现对所有数据成员进行初始化，使用析构函数实现输出所有数据成员的值。

6. 声明一个学生类 student，其数据成员包括 StuNo、ClaNo、name、sex 和 age，分别表示学号、所属班级编号、姓名、性别和年龄。在 student 类中，使用构造函数对数据成员进行初始化，使用析构函数输出数据成员的值。在 main 函数中定义 student 类的对象，调用构造函数并使用 2006020101、20060201、JIM、M 和 18 这五个值对其进行初始化，由系统自动调用析构函数将这五个值输出。

7. 声明一个学生类 student，其数据成员包括 StuNo、ClaNo、name、sex 和 age，分别表示学号、所属班级编号、姓名、性别和年龄。由 student 类派生出大学生类，在大学生类中，使用构造函数对数据成员进行初始化，使用析构函数输出数据成员的值。在 main 函数中定义大学生类的对象，调用构造函数并使用 2006020101、20060201、JIM、M 和 18 这五个值对其进行初始化，由系统自动调用析构函数将这五个值输出。

8. 声明一个学生类 student，其数据成员包括 StuNo、ClaNo、name、sex 和 age，分别表示学号、所属班级编号、姓名、性别和年龄。由 student 类派生出大学生类，在大学生类中，使用构造函数对数据成员进行初始化，使用析构函数输出数据成员的值。

声明硕士生类为大学生类的友元类，在硕士生类中再增加一项数据成员 grade。在硕士生类中，使用构造函数对数据成员进行初始化，使用析构函数输出数据成员的值。在 main 函数中定义大学生类的对象，调用构造函数并使用 2006020101、20060201、JIM、M 和 18 这五个值对其进行初始化，由系统自动调用析构函数将这五个值输出。在 main 函数中定义硕士生类的对象，调用构造函数并使用 2006020201、20060202、MIKE、M、23 和 1 这六个值对其进行初始化，由系统自动调用析构函数将这六个值输出。

9. 声明一个函数模板 HSMB，用来实现两个数的相乘并输出。在 main 函数中两次调用 HSMB 函数，参数的类型分别为 int 类型和 double 类型。

10. 声明一个类模板 LMB，其中包含三个函数模板 LM1、LM2 和 LM3，分别用来实现求两个数的最大者、求两个数的最小者和求两个数的乘积。在 main 函数中声明 LMB 的两个对象 myLMB1 和 myLMB2，它们分别为 int 类型和 double 类型。分别调用这两个对象的两个函数模板并输出结果。

习 题 3

一、填空题。

1. 项目工作区文件的扩展名为___。
2. 项目工作区窗口包含___、___、___三个页面。
3. 一个 MFC 应用程序中，每个类对应两个文件___和___。
4. ClassWizard 中的___标签用于消息映射，___标签用于为对话框为控件关联变量。
5. 集成开发环境调试手段包括___、___、___和___等调试命令。
6. VC++开发的基本单位是___，一个应用程序对应一个项目。VC++开发环境通过____管理项目。
7. 要想使用联机帮助，还需要另外安装____库。
8. 在 VC++6.0 集成开发环境中，设置断点的方式有___、___、____三种。

二、问答题。

1. 简述 VC++的特点，Visual C++与 Visual Studio 是什么关系？
2. VC++中项目的含义是什么？一个项目由哪些文件组成？
3. 在 VC++6.0 中可以使用的向导工具有哪些？
4. 在 MFC 应用程序中，查找一个类的成员函数有几种方法？
5. 如何为一个类添加一个成员函数和一个成员变量？

习 题 4

一、填空题

1. Windows 程序设计与 DOS 最大的区别在于___，___是 Windows 应用程序运行的核心机制。
2. 所有的 Windows 程序必须包含两个基本函数___和___。
3. Windows 的事件消息主要有___、___和___三种类型。
4. 控件通知消息是由___产生的，并传送给父窗口的___通知消息。
5. ___是 MFC 类库的基类。

二、问答题

1. Windows 编程的特点有哪些？
2. MFC 的 AppWizard(exe)提供了哪三种类型的应用程序？利用它建立一个 SDI 应用程序有哪几个步骤？
3. ClassWizard 类向导有哪些主要功能？如何使用 ClassWizard 添加消息映射函数？
4. 如何使用 ClassWizard 添加一个类？删除一个类？
5. MFC 的 AppWizard(exe)向导为 SDI 应用程序创建了哪几个类？它们的基类分别是什么类？这些类分别完成程序的什么功能？

三、编程题

1. 设计一个单文档的应用程序，当程序打开时，在窗口中显示"欢迎使用 Visual C++ 6.0 程序"字符。
2. 设计一个单文档的应用程序，当用户在文档窗口中按下任意一个方向键（或光标键）时，弹出一个对话框，显示"你已按下任意方向键"。
3. 设计一个单文档的应用程序，当运行程序时，从键盘输入的字符会相应地在视图窗口中显示，使用 WM_CHAR 消息映射。

习题 5

一、填空题

1. 文档实现____操作。视图实现____操作。
2. 文档视图结构的四个核心类是____、____、____、____。
3. 文档与视图结构是 MFC 的核心,它最大特点是____相分离,一个文档可以对应____视图,一个视图只能对应____文档。
4. 视图对象可以通过成员函数____获取指向其对应的文档对象的指针。文档内容改变后可以调用文档类成员函数____或视图类成员函数____更新视图显示。
5. 文档模板类分为____和____。
6. 文档类提供了与文件操作相关的成员函数有____、____、____、____。

二、选择题

1. 所有的文档类都派生于( ),所有的视图类都派生于( )。
   A. CDocument CObject   B. CDocument CFormView
   C. CDocument CView   D. CWnd CView
2. 将文档类中的数据保存在磁盘文件中,或者将存储的文档文件中的数据读取到相应的成员变量中,这个过程称为( )。
   A. 文件读操作   B. 文件写操作   C. 序列化   D. 文件访问
3. CArchive 对象为 CFile 对象,它的操作是单向的,即( )。
   A. 同一个 CArchive 对象只能读或存操作中的一个
   B. 同一个 CArchive 对象同一时刻只能用于读或存操作中的一个
   C. 同一个 CArchive 对象不能同时用于读或存操作
   D. 同一个 CArchive 对象能用于读或存操作,但不能同时执行
4. 在 MFC 中有( )类是由文档模板类创建的。
   A. CDocument、CView、CMainFrame   B. CDocument、CView、CDialog
   C. CDocument、CView、CDialog   D. CFormView、CView、CMainFrame
5. 一个文档能对应( )视图,一个视图对应( )文档。
   A. 一个,多个   B. 多个,一个   C. 一个,一个   D. 多个,多个

三、问答题

1. 什么是文档?什么是视图?文档、视图和框架窗口之间如何相互作用?
2. SDI 和 MDI 有何异同?
3. 文档模板的功能是什么?
4. 什么是文档序列化?如何实现文档序列化机制?
5. 文档字符串资源有哪些含义?如何使用?

四、编程题。

1. 创建一个单文档应用程序，通过文档序列化 Serialize 函数使用，对数据进行存储和读出。
2. 在主窗口中显示一文本"这是我的文本编辑窗口！"。单击"测试"菜单项，弹出一个对话框，通过此对话框可改变主窗口中的显示文本内容。
3. 创建一个单文档应用程序，当单击鼠标右键时，在鼠标所在的位置显示"你已单击右键"。当单击鼠标左键时，在鼠标所在的位置显示鼠标坐标。保存当前视图到文件中，新建文档时，清除视图输出。

   提示：
   （1）为视图类添加 WM_RBUTTONDOWN 消息，并在消息映射函数中添加代码：
   CClientDC dc(this);
   dc.TextOut(point.x,point.y,"你已单击右键");
   （2）在文档类中添加 CPoint 类型的数组记录鼠标左键坐标位置，在 OnDraw()函数中访问文档对象实现输出。
4. 创建一个单文档应用程序，使用 CFormView 类，编写一个学生成绩管理的应用程序。

   为学生成绩设计一个新类，包含：学号、姓名、分数1、分数2、分数3。可实现如下功能：
   （1）添加记录，学生信息自动添加。
   （2）输入姓名，查找学生相关信息。
   （3）删除某个学生信息。
   （4）浏览学生信息。

习题 6

一、填空题

1. Visual C++6.0 环境中提供的资源有____、____、____、____、____。
2. 当用户创建一个新的资源或资源对象时,系统会为其提供一个默认的____并赋一个整数值,该定义保存在____文件中。
3. 在菜单属性对话框中的 Caption 编辑框中内容为"Hello（&H）\t Ctrl+H",其中（&H）是指____,\t Ctrl+H 是指____。
4. 工具栏和____建立关联。工具栏由____类的____函数创建。
5. 在菜单类可以调用成员函数____来显示一个浮动的弹出式菜单。
6. 将菜单从资源装入应用程序的函数为____,菜单的命令消息是____。
7. ____数组定义的状态栏的窗格。设置状态栏窗格显示文本函数是____。
8. 用户界面更新消息是____,对应的消息映射函数是____。

二、选择题

1. 标识菜单资源的是( )。
   A. 资源 ID　　　　B.资源名称　　　　C.资源类型　　　　D.以上都可以
2. 菜单命令消息是( )。
   A.UPDATE　　　　　　B. UPDATE_COMMAND_UI
   C. WM_COMMAND　　　D. WM_CHAR
3. 菜单、工具栏和加速键的关系,不正确的是（ ）。
   A. 工具栏与菜单必须一一对应　　　　B. 工具栏与菜单各自执行不同功能
   C. 同一菜单的工具按钮和加速键执行功能相同　D. 菜单和加速键一一对应
4. 一个工具栏可看成是（ ）子窗口,一个窗口中可有（ ）工具栏。
   A. 一个、多个　　B. 多个、一个　　C. 多个、多个　　D. 一个、一个

三、问答题

1. 菜单的属性有哪些？添加一个可执行菜单的步骤是什么？
2. 如何使一个工具按钮和某菜单项关联？
3. 什么是键盘快捷键？什么是快捷菜单？它们实现的功能有什么不同？
4. 什么是弹出式菜单？它发送什么消息？由哪个类来处理菜单？
5. 状态栏如何定义？如何添加和减少状态栏窗格？如何在状态栏窗格中显示文本？
6. 命令更新消息的功能是什么？与菜单命令消息有何不同？
7. 创建一个自定义的工具栏的步骤是什么？

四、编程题

1. 创建一个单文档应用程序,为程序添加一个主菜单"测试",并添加两个子菜单"显示字符"

和"画圆",当单击这两个菜单时,分别在窗中客户区显示一行字符和画一个圆。并添加菜单相应的工具按钮、键盘快捷键、加速键和弹出式菜单。

2. 创建一个单文档应用程序,在状态栏上显示鼠标坐标和系统时间。在"查看"菜单下添加一个子菜单"显示",设置菜单项是否有效,增加选中标记,控制状态栏信息的显示和隐藏。

习 题 7

一、填空题。

1. 按钮类在 MFC 类库中的层次关系____。
2. 常见的按钮有 3 种类型：____、____、____。
3. 对话框分为____和____。在源程序文件中其创建方式有区别。
4. 创建一个控件到 Windows 程序中分别采用____方式和____方式，用户给控件的操作在控件接收后，被系统转化为____代码，此代码将发送给拥有控件的父窗口。此代码同样被存放在 MSG 消息结构体的____成员的高字节中。
5. 单选按钮是群组按钮。第一个按钮需设置____属性，其余同组按钮的 Tab 顺序要连续。
6. 每个复选按钮在对话框类中对应一个 BOOL 型值变量，选中时值为____，没有选中时值为____。
7. CListBox 类对应列表框控件，根据属性的设置可以分为____和____。
8. 图 3.1 中，____属性能将微调按钮和它旁边的伙伴窗口关联在一起显示调动的值。

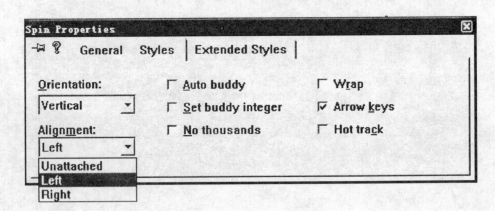

图 3.1 微调按钮属性对话框

9. 单选列表框类的值变量在没有选中 Sort 属性时可以设置为两种类型：____或____。
10. CComboBox 类提供了相应的与____类和 CListBox 类相同的成员函数。

二、选择题。

1. 用来调节某个范围值的滚动条和滑块控件会接受用户操作，向系统发出 WM_HSCROLL 消息，它代表（ ）。

　　A.水平滚动消息　　　　　　　　B.垂直滚动消息

2. 调用 MessageBox 函数弹出的对话框是（　）。
   A. 非模式对话框　　　　B. 系统对话框
   C. 消息框　　　　　　　D. 以上都不是
3. 在按钮映射的消息中,常见的有(　)。
   A. COMMAND　　　　　　B. BN_CLICKED
   C. BN_DOUBLECLICKED　　D. BN_CLICKED 和 BN_DOUBLECLICKED
4. 所有的控件都是（　）类的派生类，都可以作为一个特殊的窗口来处理。
   A. CView　　　B. CWnd　　　C. CWindow　　　D. CDiglog
5. 以下控件中,（　）没有 Caption 属性。
   A.按钮　　　　B. 组框　　　C. 编辑框控件　　　D.静态文件控件

三、判断题。

1. 如果找到某个列表项时,查找函数会返回列表项在列表框的索引号,如果没有找到某个列表项时会返回 LB_ERR 信息。（　）
2. 设计标签所附有的页面时,用户可以直接在标签上添加每个子页面的控件。（　）
3. 利用 MFC 对话框应用程序进行编程时不必建立对话框类。（　）
4. 窗口是 Windows 应用程序的基本操作单元,是应用程序与用户之间交互的接口环境,也是系统管理应用程序的基本单位。（　）

四、名词解释题。

DDX：　　　　　　　　　　　DDV：

五、简答题。

1. 简述模式对话框和非模式对话框的区别。
2. 写出按钮类在 MFC 类库中的层次关系。
3. 写出编辑框类在 MFC 类库中的层次关系。
4. 如何设置编辑框的多行编辑功能？
5. 按钮控件有哪几种形式？它们的特点是什么？
6. 如何在程序中引入列表框控件？
7. 组合框的风格有哪三种？
8. 在 MFC 中，通用对话框有哪些？
9. 当错误发生时，组合框会返回什么值？
10. 什么函数用于接收从编辑框中输入的文本？
11. 怎样实现控件的数据交换和数据校验机制？
12. 控件的通知消息在程序中起什么作用？
13. 可用于 Windows 编程中的通用对话框有哪些？如何在程序中使用它们？

六、简述以下函数的作用。

　　DoModal( )

　　Create( )

　　ShowWindow ( )

　　UpdateData(TRUE)

　　UpdateData(FALSE)

　　OnDraw( )

TextOut( )
MessageBox( )
OnOK( )
SetCheck ( )
EnableWindow(TRUE)
EnableWindow(FALSE)
SetSel ( )
ReplaceSel ( )
Copy ( )
AddString( )
InsertString( )
DeleteString( )
SetPos(int nPos);
SetRange(int nMin,int mMax, BOOL bRedraw=FALSE);
GetPos( )

七、程序分析填空。

1. 现有一个基于对话框的应用程序如图 3.2 所示。有一个编辑框，ID 值为 IDC_EDIT1，已经给其连接了一个 CString 类的变量 m_edit1；有另一个编辑框，ID 值为 IDC_EDIT2，已经给其连接了一个 CEdit 类的变量 m_edit2;现已有一个按钮，其 ID 值为 IDC_TRANFER_BUTTON,CAPTION 为 Tranfer，要求单击该按钮时将 Edit1 编辑框的内容复制到 Edit2 编辑框中图 3.3 所示。编写实现功能的程序代码。

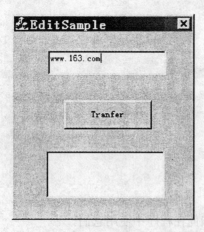 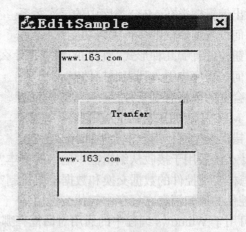

图 3.2　对话框　　　　　　　　　图 3.3　运行结果

```
    void    CEditBoxDlg::OnTransferButton()
{// TODO: 在此处加入自己的代码
    //添加代码开始


    //添加代码结束
```

}

若将上题中的 m_edit1 类型改为 CEdit 类的变量，m_edit2 类型都更改为：CString 类型的变量，代码应为什么？

2. 创建一个对话框应用程序 Print，实现英文打字对照如图 3.4 所示，在 IDC_EDITINPUT 编辑框中输入英文字符，在 IDC_EDITSHOW 会显示相应字符。单击确定按钮会弹出消息框输入字符个数。

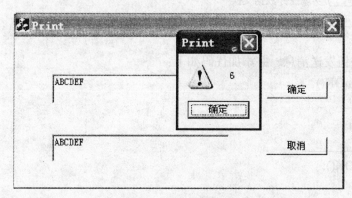

图 3.4 程序运行结果

步骤如下：
（1）为对话框类编辑框添加如表 3.1 所示的变量。

表 3.1　　　　　　　　　　　编辑框添加变量

控 件	ID	类 型	变量名
编辑框	IDC_EDITSHOW	CEdit	m_nShow
编辑框	IDC_EDITSHOW	CString	m_strShow
编辑框	IDC_EDITINPUT	CEdit	m_nInput
编辑框	IDC_EDITINPUT	CString	m_strInput

（2）为对话框类添加 int 型变量 m_nNum。
（3）初始化对话框，随机生成一个大写字母，为对话框添加 WM_INITDIALOG 消息和代码如下。

```
BOOL CPrintDlg::OnInitDialog()
    {
    CDialog::OnInitDialog();
    …
    char ch='A'+rand()%26;         //随机生成一个大写字母
    CString strShow=ch;
    _____              //在编辑框中显示大写字母
    return TRUE;   // return TRUE  unless you set the focus to a control
    }
```

（4）为对话框类的 IDC_EDITINPUT 添加消息 EN_CHANG 消息映射函数，并添加代码如下：
void CPrintDlg::OnChangeEditinput()
{
　　UpdateData();　　//实现控件数据交换
　　m_strInput.MakeUpper();
　　m_strShow=m_strInput;
　　_____//实现控件数据交换
　　_____//输入字母个数加 1
}

（5）为 IDOK 按钮发送消息，并添加代码如下：
void CPrintDlg::OnOK()
{
　　//添加代码开始
　　_____
　　CDialog::OnOK();
}

习 题 8

一、填空题。

1. 使用 GDI 对象一般分为三步：____、____、____。
2. CDC 为用户提供了 4 个输出文本函数：____、____、____、____。
3. 在程序中引入某种字体的方法主要有三种：____、____、____。
4. 获取 CFontDialog 对话框中用户当前所选字体的函数为：____，获取用户当前所选颜色的函数为____。
5. ____是 Windows 应用程序与设备驱动程序和输出设备之间的接口。

二、判断题。

1. 设备环境中的所有绘图成员函数使用的都是物理坐标。（ ）
2. 用来实现绘图输出的 OnDraw 函数会被系统定义在框架窗口类 CMainFrame 的源文件中。（ ）
3. Windows 应用程序默认画笔是黑色画笔，默认画刷颜色是白色的。（ ）
4. 使用库存的绘图工具时，可以不用通过 CFont、CPen、CBrush 来定义对象，代表绘图工具。（ ）

三、名词解释题。

CDC：   GDI：

四、简答题。

1. 什么是 GDI？MFC 中可以使用哪些 GDI 类？
2. 坐标映射模式有哪些？如何设置映像模式？
3. 在 Windows 中创建字体的方式有哪几种？在程序中如何创建自定义的字体？
4. 怎样设置输出文本的字体颜色和背景色？
5. 文本格式化输出时，通过什么方式来实现？

五、程序分析题。

1. 根据图 3.5 程序运行结果填空。

```
void CMy44View::OnDraw(CDC* pDC)
{
    CMy44Doc* pDoc = GetDocument();
    ASSERT_VALID(pDoc);
    // TODO: add draw code for native data here
    CBrush brush(HS_DIAGCROSS, RGB(200, 0, 0));
    CBrush *pOldBrush=____
    pDC->____(100, 100, 500, 300);
```

```
pDC->SelectObject(pOldBrush);
}
```

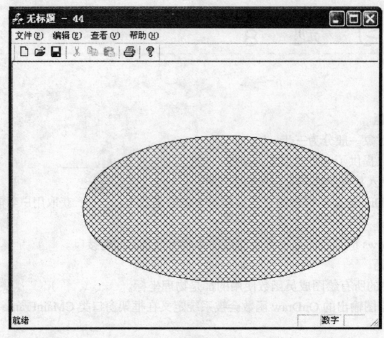

图 3.5　程序运行结果

2. 根据图 3.6 程序运行结果填空。

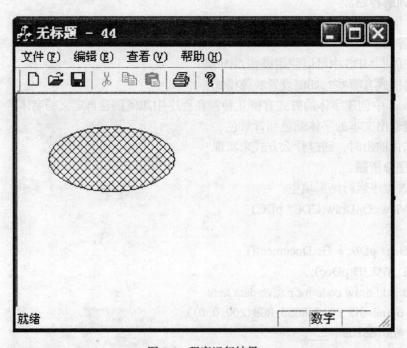

图 3.6　程序运行结果

```
void CMy44View::OnDraw(CDC* pDC)
{
    CMy44Doc* pDoc = GetDocument();
    ASSERT_VALID(pDoc);
    // TODO: add draw code for native data here
    CBrush brush(HS_DIAGCROSS,RGB(200,0,0));
    CBrush *pOldBrush=pDC->SelectObject(&brush);
    pDC->_____(MM_LOMETRIC);
    pDC->Ellipse(100,-100,500,-300);
    pDC->_____(pOldBrush);
}
```

3. 填充程序，实现图 3.7 中所表现的绘图效果。

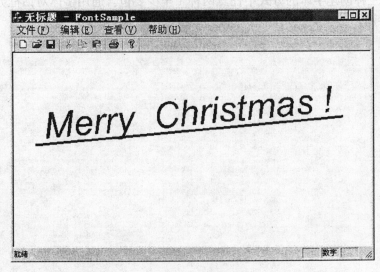

图 3.7　绘图效果

```
void OnDraw（CDC *pDC）
{CFont *oldfont, font ;
LOGFONT  f ;
f.lfHeight=45;
f.lfWidth=0;
f.lfEscapement=____ ;
f.lfOrientation=0;
f.lfWeight=0;
f.lfItalic= ___ ;
f.lfUnderline= ___ ;
f.lfStrikeOut=0;
f.lfCharSet=ANSI_CHARSET;
```

f.lfOutPrecision=OUT_DEFAULT_PRECIS;
f.lfClipPrecision=CLIP_DEFAULT_PRECIS;
f.lfQuality=VARIABLE_PITCH|FF_ROMAN;
font. ____(&f); // 将以上结构体变量 f 创建的字体信息存入 font 中
oldfont = pDC-> _____ ;
pDC-> ____(50,30," Merry   Christmas ! ");
font.DeleteObject( );
_____ ; // 恢复原先旧的绘图工具
}

若在此题中有另一行文本: Happy new year ! The best wishes to you ! 要在前行文本的正下方输出, 并且不覆盖上行文本, 该怎样实现?

六、编程题。

使用已知三种创建字体的方式中任意两种 (至少要包含通用字体对话框方式), 输出自定义的两行文字。

习题 9

一、填空题。

1. MFC 提供三种数据库访问方式____、____和___。
2. 在进行 ODBC 数据库应用程序开发前，先要在 ODBC 管理器中注册____，为数据库选择正确的驱动程序。
3. MFC ODBC 支持类包括____、____、____。
4. CRecordView 类中支持记录移动的函数有____、____、____、____。
5. CRecordView 类中支持记录更新的函数有____、____、____、____、____、____。
6. CRecordView 类中有两个重要的数据成员____和____，____是用于表示筛选记录的条件字符串。

二、问答题。

1. 数据库应用程序的实现步骤是怎样的？
2. 什么是动态集和快照集？它们的区别是什么？
3. 如何用 ADO 的 Command 对象来实现对数据表的记录操作？
4. 什么是 ActiveX 控件？
5. RemoteData 和 DBGrid 控件是如何关联的？又是如何进行数据库操作的？

三、编程题。

设计一个简单的数据库应用系统，用于管理学生信息管理，信息一般有身份证号、姓名、性别、成绩等，程序要有浏览、修改、添加、删除功能。

附 录 练习题参考答案

习题1

一、填空题。
1. C
2. int
3. /*...*/   //
4. iostream.h
5. 1
6. 12   12
7. 200
8. 12   12
9. 循环   switch
10. 3.   333
11. sayH（ ）   input（6）
12. 2,3,3,2
13. Output S:28.26
    12.56
14. 12   1.21   3.7994
15. *
    * *
    * * *

二、选择题。
1. B 2. D 3. A 4. D 5. A 6. A 7. B 8. A 9. C 10.B
11.D 12.A 13.B 14.B 15.D 16.A 17.D 18.A 19.B 20.C
21.B 22.A 23.D 24.A 25.D 26.D 27.B 28.B 29.B 30.C
31.A 32.A 33.D 34.C 35.A 36.C 37.A 38.B 39.C 40.D
41.A 42.A 43.B 44.C 45.B 46.A 47.D 48.A 49.A 50.C

三、改错题。
1. 应将程序改为:
#include<iostream.h>
void A(int x)
{
    cout<<x++<<" ";

```
    cout<< x++ <<" ";
    cout<<++x<<" ";
    cout<<x++<<" ";
    cout<<--x<<endl;
}
void main()
{
    double a=2;
    A(a);
}
```

2. 应将程序改为:
```
#include<iostream.h>
int L,W,S;
void input(int a,int b)
{
    L=a;
    W=b;
}

void main()
{
    sayH();
    int A,B;
    cout<<"Please input:"<<endl;
    cin>>A>>B;
    input(A,B);
    void output();
    output();
}

void output()
{
    S=L*W;
    cout<<"The area is:"<<S<<endl;
}
```

3. 应将程序改为:
```
#include<iostream.h>
void Area(double x, double y)
{
    double S=x*y/2;
```

```
        cout<<S<<endl;
}

void Area(double x,double y)
{
    double S=x*y;
    cout<<S<<endl;
}
void main()
{
    Area(3.3,2.2);
    Area(6,8);
}
```

4. 常指针所指内容不能改变，改为：
```
void temp(const int *x, const int *y)
{
    int t;
    t=*x;
    *x=*y;
    *y=t;
}
```

5. 默认形参初始化从右到左，改为：
```
double volume(double L,double W=6,double H=6)
{
    return L*W*H;
}
```

四、编程题。

1. 以下是本题参考程序：
```
#include<iostream.h>
void main()
{
    int a=0;
    for(a=1;a<=100;a++)
    {
        if(a%7= =0)
        {
            continue;
        }
        cout<<a<<endl;
    }
}
```

}

2. 以下是本题参考程序：
```cpp
#include<iostream.h>
void ADD()
{
    int a=0, i =1;
    while(i<=100)
    {
        a=a+i ;
        i++;
    }
cout<<a<<endl;
}
void main()
{
    ADD();
}
```

3. 以下是本题参考程序：
```cpp
#include<iostream.h>
void ADD(int a,int b)
{
    int A=a;
    int B=b;
    int S=A+B;
    cout<<S<<endl;
}
void ADD(double a,double b)
{
    double A=a;
    double B=b;
    double S=A+B;
    cout<<S<<endl;
}
void main()
{
    ADD(6.6,2.2);
    ADD(2,8);
}
```

习题2

一、填空题。

1. human   input   output   name   age   sex   input   output   name   age   sex
2. 5
3. A:A(int x,int y)   A:~A()
4. 继承
5. 保护类型
6. 1   1
7. private   public   protect
8. private
9. 构造函数
10. 1
11. ①return   m=n93*24+n90*19；②A. Show( );

二、选择题。

1. A   2. D   3. C   4. C   5. B   6. D   7. A   8. D   9. D   10.D
11.C   12.D   13.C   14.C   15.B   16.B   17.A   18.D   19.D   20.D
21.A   22.B   23.C   24.D   25.A   26.B   27.A   28.A   29.D   30.A
31.A   32.A   33.B   34.B   35.C   36.A   37.B   38.D   39.B   40.C
41.A   42.A   43.B   44.A   45.D   46.A   47.D   48.C   49.A   50.C
51.C   52.C   53.A   54.A   55.C   56.A   57.A   58.C   59.B   60.B
61.B   62.C   63.A   64.A   65.A   66.B   67.A   68.A   69.D   70.B
71.A   72.A   73.B   74.C   75.D

三、改错题。

1. 有。将 date 类中的 Year 定义为 public 类型。
2. 去掉 main 函数中的 mydate.~date()这条语句。
3. 有。child 类在继承 mother 类时使用公有继承方式。
4. 应将程序语句

   int a=5; 改为：int a;   数据成员不能在声明时初始化。

   void ~C(){}; 改为~C(){};   析构函数不能有返回值类型

   C( );改为：private: C( );   私有成员在类外不能访问

四、读程序写出运行结果。

结果为：

   The number is:6

   The number is:8

   Goodbye!

五、编程题。

1. 本题的参考程序如下：

   #include<iostream.h>

   class car

```
    {
    public:
        car(int L,int W,int H);
        ~car();
    private:
        int length,width,hight;
    };
    car::car(int L,int W,int H)
    {
        length=L;
        width=W;
        hight=H;
    }
    car::~car()
    {
        cout<<length<<","<<width<<","<<hight<<endl;
    }
    void main()
    {
        car mycar(5206,1880,1446);
    }
```

2. 本题的参考程序如下:
```
    #include<iostream.h>
    class Auto
    {
    public:
        int length,width,hight;
    };
    class car:public Auto
    {
    public:
        friend class supercar;
    private:
        int speed;
    };
    class supercar
    {
    public:
        supercar(int L,int W,int H,int S,int P);
        ~supercar();
```

```
    private:
        int power;
        car MC;
    };
    supercar::supercar(int L,int W,int H,int S,int P)
    {
        MC.length=L;
        MC.width=W;
        MC.hight=H;
        MC.speed=S;
        power=P;
    }
    supercar:: ~supercar()
    {
        cout<<MC.length<<","<<MC.width<<","<<MC.hight<<","<<MC.speed<<","<<
        power<<endl;
    }
    void main()
    {
        supercar mysupercar(5206,1880,1446,250,285);
    }
```

3. 本题的参考程序如下：
```
    #include<iostream.h>
    template <class T>
    class LMB
    {
    public:
        T A(T a,T b);
        T B(T a,T b);
    };

    template <class T>
    T LMB<T>::A(T a,T b)
    {
        return a+b;
    }

    template <class T>
    T LMB<T>::B(T a,T b)
    {
```

```
        return a-b;
    }
    void main()
    {
        LMB<int> myLMB1;
        LMB<double> myLMB2;
        cout<<myLMB1.A(10,3)<<endl;
        cout<<myLMB1.B(10,3)<<endl;
        cout<<myLMB2.A(10.8,8.8)<<endl;
        cout<<myLMB2.B(10.8,8.8)<<endl;
    }
```

习题 3

一、填空题。

1. .dsw
2. ClassView　ResourceView　FileView
3. .h　.cpp
4. Message Maps　Member Variables
5. Go　Step Into　Run To Cursor　Attach to Process
6. 项目
7. MSDN
8. 按 F9　单击右键选"Insert/Remove Breakpoint"　Build 工具栏上单击 按钮

二、问答题。
（略）

习题 4

一、填空题。
1. DOS 程序是通过调用系统的函数来获得用户的输入的，而 Windows 程序则是通过操作系统发送的消息来处理用户输入的。　消息驱动机制
2. WinMain　WndProc
3. 窗口消息　命令消息　控件消息
4. 控件或子窗　WM_COMMAND
5. CObject

二、问答题。
（略）

三、编程题。
（略）

习题 5

一、填空题。
1. 数据的存储、加载和保存数据及数据初始化　显示存储在文档对象中的数据
2. CDocument 类　　CView 类　　CFrameWnd 类　　　CDocTemplate 类

3. 数据操作和数据表示　多个　一个
4. GetDocument()　UpdateAllViews()　Invalidate()
5. 单文档模板类 CsingleDocTemplate　多文档模板类 CmultiDocTemplate
6. OnOpenDocument()　OnNewDocument()　DeleteContents()　SetModifiedFlag()　OnSaveDocument

二、选择题。
1. B　2. C　3. B　4. A　5. B

三、问答题。
（略）

四、编程题。
（略）

习题 6

一、填空题。
1. Menu　Dialog　Toolbar　Icon　Accelerator　String Table
2. 资源符号名称 ID　resource.h
3. 字符&表示显示 H 时，加下画线　按下 Ctrl+H 直接执行"Hello"菜单项命令
4. 菜单　CMainFrame　OnCreate()
5. TrackPopupMenu()
6. LoadMenu()　WM_COMMAND
7. indicators[ ]　SetPaneText()
8. UPDATE_COMMAND_UI　OnUpdateXY()

二、选择题。
1. A　2. C　3. B　4. A

三、问答题。
（略）

四、编程题。
（略）

习题 7

一、填空题。

1.
```
CObject
  └─CCmdTarget
       └─CWnd
            └─CButton
```

2. 按键按钮　单选按钮　复选按钮
3. 模态对话框　非模态对话框

4. 利用对话框模板编辑器中的工具条　通过调用 CreateWindow( )或 CreateWindowEx( )函数　通知　wParam

5. Group

6. Ture   False

7. 单选列表框　多单选列表框

8. Auto Buddy Right   Set buddy integer

9. int   CString

10. CEdit   CListBox

二、选择题。

1. A   2. C   3. D   4. B   5. C

三、判断题。

1.√ 2.√   3.×   4.×

四、名词解释题。

DDX：将数据成员变量同对话框类模板内的控件相连接,便于数据在控件之间方便地传输。用于初始化对话框中的控件,获取用户的数据输入,其特点是将数据成员变量同相关控件相连接，实现数据在控件之间的传递。

DDV：用于验证数据输入的有效性,检验数据成员变量数值的范围。

五、简答题。

（略）

六、简述以下函数的作用。

（略）

七、程序分析填空。

1. void   CEditBoxDlg::OnTransferButton()
{
    //添加代码开始
    UpdateData(TRUE);
    m_edit2.SetSel(0,-1);
    m_edit2.ReplaceSel(m_edit1);
    //添加代码结束
}

2. BOOL CPrintDlg::OnInitDialog()
{
    CDialog::OnInitDialog();
    ...
    char ch='A'+rand()%26;   //随机生成一个大写字母
    CString strShow=ch;
    m_nShow.SetWindowText(strShow);   //在编辑框中显示大写字母
    return TRUE;   // return TRUE unless you set the focus to a control
}

void CPrintDlg::OnChangeEditinput()

```
{
    UpdateData();        //实现控件数据交换
    m_strInput.MakeUpper();
    m_strShow=m_strInput;
    UpdateData(false);   //实现控件数据交换
    m_nNum++;            //输入字母个数加1
}
void CPrintDlg::OnOK()
{
    //添加代码开始
    CString str;
    str.Format("%d",m_nNum);
    AfxMessageBox(str);
    CDialog::OnOK();
}
```

习题 8

一、填空题。

1. 构造　选入　恢复
2. TextOut　ExtTextOut　TabbedTextOut　DrawText
3. 字体对话框　字体类创建的对象
4. GetCurrentFont()　GetColor()
5. GDI

二、判断题。

1. ×　　2. ×　　3. ×　　4. √

三、名词解释题。

CDC:设备环境类,封装了绘图所需要的全部 GDI 函数,用户可以调用 CDC 类成员函数来完成绘图操作。提供了一系列用于设置绘图属性和设备属性的函数。为了能让用户使用一些特殊的设备环境,CDC 类还派生了 CPaintDC、CClientDC、CWindowDC 和 CMetaFileDC 类。

GDI: 图形设备接口,是 Windows 系统的重要组成部分,负责系统与用户及系统与绘图程序之间的信息交换,并控制在输出设备上显示图形或文字。图形设备接口最明显的特征是设备无关性,用户通过直接调用 GDI 函数操作设备,不需要考虑各种设备的差异。编程时只需要建立绘图程序与设备的关联,系统将自动载入相应的设备驱动程序,完成各种图形、文本的输出。

四、简答题。

（略）

五、程序分析题。

1. pDC->SelectObject(&brush);　　　Ellipse
2. SetMapMode　　SelectObject
3. void　OnDraw　(　CDC　*pDC　)

```
{
    CFont  *oldfont, font ;
    LOGFONT  f ;
    f.lfHeight=45;
    f.lfWidth=0;
    f.lfEscapement= 80  ;
    f.lfOrientation=0;
    f.lfWeight=0;
    f.lfItalic=  1  ;
    f.lfUnderline=  1  ;
    f.lfStrikeOut=0;
    f.lfCharSet=ANSI_CHARSET;
    f.lfOutPrecision=OUT_DEFAULT_PRECIS;
    f.lfClipPrecision=CLIP_DEFAULT_PRECIS;
    f.lfQuality=VARIABLE_PITCH|FF_ROMAN;
    font. CreateFontIndirect (&f) ; // 将以上结构体变量f创建的字体信息存入font中
    oldfont = pDC-> SelectObject(&font)  ;
    pDC-> TextOut ( 50,150," Merry  Christmas！");
    font.DeleteObject( );
     oldfont=(CFont*)pDC->SelectStockObject(DEVICE_DEFAULT_FONT)   ; // 恢复原先旧的绘
图工具
}
```

六、编程题。

（略）

习题 9

一、填空题。

1. ODBC　DAO　OLE　DB
2. 数据源
3. CDatabase　CRecordset　CRecordView
4. Move()　MoveFirst()　MoveLast()　MoveNext()　MovePrev()　SetAbsolutePosition()
5. AddNew()　Delete()　Edit()　Update()　CancelUpdate()　Requery()
6. m_strFilter　m_strSort

二、问答题。

（略）

三、编程题。

（略）

主要参考文献

1. 王正军编著. Visual C++6.0 从入门到精通. 北京：人民邮电出版社，2006
2. 郑阿奇主编. Visual C++实用教程（第 2 版）. 北京：电子工业出版社，2004
3. 黄维通编著. Visual C++面向对象与可视化程序设计. 北京：清华大学出版社，2002
4. 刘正林编著. 面向对象程序设计. 武汉：华中科技大学出版社，2004
5. 王育坚编著. Visual C++面向对象编程教程. 北京：清华大学出版社，2003
6. 网冠科技编著. Visual C++6.0 MFC 时尚编程百例. 北京：机械工业出版社，2004
7. 胡海生等编著. Visual C++6.0 编程学习捷径. 北京：清华大学出版社，2003
8. 丘仲潘编著. Visual C++6.0 从入门到精通. 北京：电子工业出版社，2005
9. 康博创作室编著. Visual C++高级编程. 北京：清华大学出版社，1999
10. 尹立民等编著 Visual C++6.0 应用编程 150 例. 北京：电子工业出版社，2004
11. 吴金平等编著. Visual C++6.0 编程与实践. 北京：中国水利水电出版社，2004
12. 梁普选主编. Visual C++程序设计与实践. 北京：清华大学出版社；北京交通大学出版社，2005
13. 本书编委会编著. Visual C++编程篇. 北京：电子工业出版社，2004
14. 朱晴婷，黄海鹰，陈莲群编著. Visual C++程序设计基础与实例分析. 北京：清华大学出版社，2004

计算机系列教材书目

计算机文化基础	刘大革等
计算机文化基础实验与习题	刘大革等
Java 语言程序设计	赵海廷等
Java 语言程序设计实训	赵海廷等
C 程序设计	郑军红等
C 程序设计上机指导与练习	郑军红等
3ds max7 教程	彭国安等
3ds max7 实训教程	彭国安等
数据库系统原理与应用	赵永霞等
数据库系统原理与应用——习题与实验指导	赵永霞等
Visual C++ 程序设计基础教程	李春葆等
线性电子线路	王春波等
网络技术与应用	黄 汉等
信息技术专业英语	江华圣等
Visual FoxPro 程序设计	龙文佳等
AutoCAD 2006 中文版教程	王代萍等
计算机文化基础	刘永祥等
Visual C++ 面向对象程序设计教程	郑军红等
计算机文化基础上机指导教程	胡西林等
Visual C++ 面向对象程序设计实验教程	彭玉华等